北京出版集团公司
北京教育出版社

白巍 戴和冰 主编
董光璧 著

Science
and Technology
in China

中华文明探微

展现悠久历史 Embody the long history
探寻中华文明 Explore the Chinese civilization

中国科技
一个文明国度的价值与魅力

格致经世

图书在版编目（CIP）数据

格致经世：中国科技 / 董光璧著. — 北京 : 北京
教育出版社，2013.4
（中华文明探微 / 白巍，戴和冰主编）
ISBN 978-7-5522-1090-3

I. ①格… II. ①董… III. ①自然科学史—中国
IV. ①N092

中国版本图书馆CIP数据核字（2012）第216204号

中华文明探微

格致经世
中国科技
GEZHI JINGSHI

白　巍　戴和冰 主编
董光璧 著

出　版　北京出版集团公司
　　　　北京教育出版社
地　址　北京北三环中路6号
邮　编　100120
网　址　www.bph.com.cn
总发行　北京出版集团公司
经　销　新华书店
印　刷　滨州传媒集团印务有限公司
版印次　2013年4月第1版　2018年11月第3次印刷
开　本　700毫米×960毫米　1/16
印　张　9.5
字　数　120千字
书　号　ISBN 978-7-5522-1090-3
定　价　33.00元
质量监督电话　010-58572393

总　序

　　时下介绍传统文化的书籍实在很多，大约都是希望通过自己的妙笔让下一代知道过去，了解传统；希望启发人们在纷繁的现代生活中寻找智慧，安顿心灵。学者们能放下身段，走到文化普及的行列里，是件好事。《中华文明探微》书系的作者正是这样一批学养有素的专家。他们整理体现中华民族文化精髓诸多方面，不炫耀材料占有，去除文字的艰涩，深入浅出，使之通俗易懂；打破了以往写史、写教科书的方式，从中国汉字、戏曲、音乐、绘画、园林、建筑、曲艺、医药、传统工艺、武术、服饰、节气、神话、玉器、青铜器、书法、文学、科技等内容庞杂、博大精美、有深厚底蕴的中国传统文化中撷取一个个闪闪的光点，关照承继关系，尤其注重其在现实生活中的生命性，娓娓道来。一张张承载着历史的精美图片与流畅的文字相呼应，直观、具体、形象，把僵硬久远的过去拉到我们眼前。本书系可说是老少皆宜，每位读者从中都会有所收获。阅读本是件美事，读而能静，静而能思，思而能智，赏心悦目，何乐不为？

　　文化是一个民族的血脉和灵魂，是人民的精神家园。文化是一个民族得以不断创新、永续发展的动力。在人类发展的历史中，中华民族的文明是唯一一个连续5000余年而从未中断的古老文明。在漫长的历史进程中，中华民族勤劳善良，不屈不挠，勇于探索；崇尚自然，感受自然，认识自然，与自然和谐相处；在平凡的生活中，积极进取，乐观向上，善待生命；乐于包容，不排斥外来文化，善于吸收、借鉴、改造，使其与本民族文化相融合，兼容并蓄。她的智慧，她的创造力，是世界文明进步史的一部分。在今天，她更以前所未有的新面貌，充满朝气、充满活力地向前迈进，追求和平，追求幸福，勇担责任，充满爱心，显现出中华民族一直以来的达观、平和、爱人、爱天地万物的优秀传统。

　　什么是传统？传统就是活着的文化。中国的传统文化在数千年的历史中产生、演变，发展到今天，现代人理应薪火相传，不断注入新的生命力，将其延续下去。在实践中前行，在前行中创造历史。厚德载物，自强不息。是为序。

汤一介

序

文明演进中的科技

现代文化人类学意义上的"文化"概念是相对"自然"而言的，它包括人类的一切活动及其创造物。自然演化偶然地产生了人类，而人类又创造了灿烂的文化。自然是人类的生存条件，文化是人类的生存方式。既属于自然又属于文化的人类，就生活在自然和文化的夹缝中。人类的这种二重属性决定着他在自然和文化之间的尴尬地位，既不能脱离自然又不能停止文化创造。这种尴尬地位所造成的人的精神分裂，是人类生活中一切善恶的总根源。文化的发展经过蒙昧和野蛮而进入文明时代，而文明又有农业文明到工业文明的转变。"文明要经过历史的考验而存活下来"，比利时－美国科学史学家萨顿（George Alfred Leon Sarton, 1884—1956年）早在1930年就指出，但对于以科技为基础的当代工业文明"我们还没有经过"这种历史的考验。

"科技"这个词是一个复合词，包含"科学"和"技术"两个概念。严格意义上的科学，即逻辑推理、数学描述和实验检验紧密结合的知识体系，是通过科学革命而诞生于17世纪欧洲的。科学的源头被追溯到古代希腊文明，并因而有"古希腊科学"之说。人们也在文明比较的意义上，谈论"古阿拉伯科学""古印度科学"和"古中国科学"等诸多古代科学。可以这样谈论的理由正如英国生物化学家和科学史学家李约瑟（Joseph Terence Montgomery Needham，1900—1995年）所说，直到15世纪末，东方人和西方人大体一样，都各自企图解决同样性质的问题，而没能很好地领悟和自觉掌握我们今天所熟悉的科学的方法和精神。技术则几乎与人类的历史同样悠久，但古代的技术发明源于经验，而现代技术则多是科学原理的衍生物。

今天的人类已经在哲学深度上认识到，物质、能量和信息是世界的三大要素，科技就其本质而言无非是认识和利用物质变化、能量转换和信息控制。科技的价值实现依赖于工程和产业的运作，科学认识、技术发明、工程实践和产业开发形成一条价值链，同时也体现人类科技活动系统的层次结构。科技作为文明的组成部分有其预期的目标和演化的历史，目标可区分为开发生活资源、扩大生存空间和保护环境安全三大方向，历史可表征为权势主导、经济主导和智力主导三大阶段。

英国农学家和科学史学家丹皮尔-惠商（William Cecil Dampier-Whetham，1867—1952年），在其著作《科学史及其与哲学和宗教的关系》（1929年）第一章"古代世界的科学"中说，"在历史的黎明期，文明首先在中国以及幼发拉底河、底格里斯河、印度河和尼罗河几条大河流域从蒙昧中诞生出来"。萨顿曾经写过一篇随笔《东方和西方的科学》（1930年），引用了拉丁文古训"光明来自东方，法律来自西方"（Ex oriente lux, ex occidente lex），强调"西方全部形式的科学种子来自东方"。李约瑟的多卷本《中国科学技术史》（*Science and Civilisation in China*，1954年以来陆续出版），鼎力推荐中国文明中的科技成就。

中国地处欧亚大陆的东端，从青藏高原伸展到太平洋。数千万年前的青藏高原是一片海洋，几百万年前才隆起成为高原。发源于这里的黄河和长江就是孕育中华5000年文明的摇篮，传说中的三皇五帝业绩大体上有了考古证据的支持，夏、商、周三代的历史面目越来越清楚。春秋战国时代的百家争鸣奠定了中华文明的理性基础，在君主专制的体制和儒道互补的思想背景下发展的中国科技，在秦汉时期形成自己的诸学科范式，其后经历了南北朝、北宋和晚明三次高峰期。

中国启蒙思想家梁启超（1873—1929年）在其论文《中国史叙论》（1901年）中，把中国的历史划分为中国之中国、亚洲之中国和世界之中国三大时期。自黄帝以迄秦之统一是中国之中国，即中国民族自发达、自竞争之时代。自秦统一至清代乾隆末年是为亚洲之中国，即中国民族与亚洲各民族交涉频繁和竞争最烈之时代。自乾隆末年以至今日是为世界之中国，即中国民族联同全亚洲民族与西人交涉竞争之时代。在其翌年发表的论文《论中国学术思想变迁之大势》（1902年）中，"中国民族"又被代之以"中华民族"。

《马可·波罗游记》（1298年）曾引发欧洲人几个世纪的东方情结。文艺复兴时期佛罗伦萨画家施特拉丹乌斯（Johannes Stradanus or Giovanni Stradano or Jan van der Straet，1523—1605年），在他的木刻画《新发现》（*Nova Reperta*，1580）中绘制了9项所谓古人不知的"新发现"，即美洲大陆图、磁罗盘、火炮、印刷机、马镫、机械钟、愈疮木、蒸馏器和蚕丝。20世纪的科学史研究表明，除发现美洲大陆和愈疮木两项外，其余各项都有其中国的先驱。东印度公司的商船和随船东进的传教士无意中创造了一个"中国潮"。商人们贩运到欧洲的中国丝绸、瓷器、茶叶和漆器等技术产品，来华传教士们介绍中国的几百部著作，比十字军东征（1096—1291年）、蒙古人的西征（1219—1260年）、郑和使团下西洋（1405—1433年），更能激发欧洲人的创造灵感。

自然界中的生命之所以生生不息，是因为采取了两性繁殖的策略。作为自然演化之延续的文化演化也类似于生物的两性繁殖，文明的演进就根源于不同文明之间的冲突融合，或强势文化同化弱势文化或结合两种文化基因形成新文明。英国历史学家威尔斯（Herbert George Wells，1866—1946年）的《世界史纲》（*The Outline of History*，1920年）描绘了工业文明如何在游牧与农耕两种文化的冲突融合中诞生于欧洲的历史。中华民族是在人类创造工业文明的进程中落伍的，工程和产业的价值取向的权力主导滞缓了中国历史的车轮，最终以引进西学的方式走向现代化。面对工业文明进犯威胁的中华民族，通过西学东渐、洋务运动和新文化运动三部曲，完成了从传统到近代的心态转变，实现了由格致到科学的知识衔接。

　　科学和技术是人类文明的重要组成部分，在公元前5世纪前后印度、中国和希腊三个文明中心率先产生了理性的科学文化。在古希腊科学繁荣和近代科学诞生之间的所谓中世纪的千余年间，希腊科学衰退而阿拉伯科学和中国科学兴旺发达，并且正是希腊科学传统和中国技术传统在阿拉伯汇合并渐次传往欧洲而促成了科学的诞生。科学诞生后的继续发展是一个世界化的过程，各文明区的科学现代化都是科学世界化总进程的一部分。各文明孕育的古代科技也是接受和发展世界化科学的基础，因为自然规律不因发现它的民族而异，差别主要在表达形式和自然观方面。中华悠久文明中的科学传统，其科学成就、科学方法和科学精神，不仅对科学的成长做出了贡献，而且对科学的未来发展提供了启示。

目　录

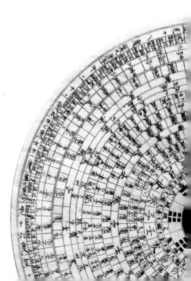

中国科技

1

东方之光
——亚洲之中国

▎百家争鸣的科学理性

　　春秋战国时期（前770—前221年）的周王室失去了对诸侯国的控制权，百余诸侯国之间频繁征战形成所谓的春秋五霸和战国七雄，即齐、宋、晋、秦、楚五霸和齐、楚、燕、韩、赵、魏、秦七雄。政治权力的分散提供了人才流动的机会和自由思想的空间，百家争鸣的稷下学宫在齐国应运而生。齐桓公田午（前400—前357年）出于政治需要，标榜"尊贤重士"以招揽治国人才。齐威王初年建稷下学宫，引各派著名学者荟萃，"不治而议"的士人出谋划策、制造舆论。各诸侯国国君争相效仿田齐养士，士人得以像鸟儿"择木而栖"那样选择国君。魏人商鞅（约前395—前338年）离魏就秦，齐人邹衍（约前305—前240年）弃齐侍燕。齐宣王时期的稷下学宫"数百千人"，不同政见和不同学术观点兼容并包，各家各派的学者都同样受到礼遇。与齐威王和齐宣王政见不同的鲁人孟轲（约前372—前289年）两次赴稷下讲学，倾向法家思想的赵人荀况（前313—前238年）三次担任稷下学宫的"祭酒"。（图1-1）（图1-2）

　　百家争鸣时代是德国思想家雅斯贝斯（Karl Jaspers，1883—1969年）

所谓的枢轴时代（Axial Age，前800—前200年），几大古代文明的文化经典几乎同时在此期间形成。中国、印度、波斯和希腊的哲人们的著作，为各自的文明奠定了文化基调。德国思想家沃格林（Eric Voegelin，1901—1985年）的多卷本巨著《秩序与历史》（1956—1985年），给予中国文化在枢轴时代所出现的思想跃进以很高的评价。思想的自由造就了一批杰出的思想家，形成了儒、墨、道、法、阴阳、名、纵横、杂、兵、小说诸家。各家之间的彼此诘难和互相争鸣，形成中国思想和文化最为辉煌灿烂的时代。其思想自由竞争的精神，成为后世历代士人效法的典范。

百家争鸣时代最重要的文化遗产是五部经典的形成，即保存有丰富的中国上古历史资料的《诗》《书》《礼》《易》《春秋》。相传为鲁人孔丘（前551—前479年）整理并用于教学，宋人庄周（约前369—前286年）及其后学的著作集《庄子》，首先称它们为"经"并谓《诗》以道志、《书》以道事、《礼》以道行、《易》以道阴阳和《春秋》以道名分。这

图1-1　孟子（约前372—前289年）名轲，战国时期鲁国人

中国古代著名思想家、教育家，战国时期儒家代表人物。著有《孟子》一书。

图1-2　荀子（前313—前238年），名况，字卿，战国时赵国（今山西安泽）人

著名思想家、文学家、政治家，儒家代表人物之一，时人尊称"荀卿"。曾三次担任齐国稷下学宫的"祭酒"。著作集《荀子》，晚年代表作《劝学》。

五经中的《易》尤为重要，成书于战国时期的解《易》著作《易传》，系统阐发了百家共识的天人合一观。中国历史学家钱穆（1895—1990年）认为，天人合一观是整个中国思想的归宿，也是中国传统文化对世界的最大贡献。（图1-3）

图1-3 孔子（前551—前479年），名丘，字仲尼，春秋时期鲁国人

我国古代伟大的思想家、教育家和政治家，儒家学派创始人，世界最著名的文化名人之一。编撰了我国第一部编年体史书《春秋》。

在百家争鸣中殷周以来的思想观念经历了一次理性的重建。人们信仰的"天命观"转向了理性的"天道观"，亦即人格神的"主宰之天"开始自然化和人文化。这种理性重建区分了"天道"和"人道"，"仰观天文，俯察地理"的观察精神通过《易传》的传播而得以发扬。郑人子产（？—前522年）倡导人道要遵循天道和顺应自然的"则天说"，鲁人子思（前483—前402年）阐明了人类要参与并帮助自然演化的"助天说"，赵人荀况则提出人类要依据自然规律驾驭自然的"制天说"。遂有"人性"和"物理"的分途而治，"生成论"的变化观、"感应论"的运动观、"循环论"的发展观等宇宙秩序原理亦被提出，为中国传统科学的产生和形成奠定了理性的基础。（图1-4）

图1-4 帛书《周易》残片，西汉（前206—9年），1973年12月湖南长沙马王堆3号汉墓出土

《易经》也称《周易》或《易》，是中国最古老的占卜术原著，是中国传统思想文化中自然哲学与伦理实践的根源。有些专家认为，马王堆《周易》卦序简单，应该是较早的本子，其抄写时间应在汉文帝初年。

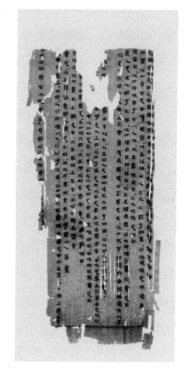

传统科技的五大学科

美国科学史学家席文（Nathan Sivin, 1931—）认为，中国有多种多样的科学，却没有形成一个统一的"科学"概念。在中国古代科学家的心目中，没有一个各学科相互联系的整体科学形象，除了数学与天文建立起联系外，天算家在朝廷里计算历法，医生在社会上为人治病，道士在山中炼丹，并不感到有必要彼此发生技术上的联系。中国传统科学的定型是各自独立的，但是有大体一致的宇宙图像。

秦（前221—前206年）、汉（前206—220年）时期的中国，不仅完成了诸如造纸、指南车、记里鼓车、手摇纺车、织布机、水碓、龙骨水车、风扇车、独轮车、钻井机、浑天仪和候风地动仪等许多重大技术发明，还完成了万里长城的修建。而且在以刘安（前179—前122年）为代表的汉代新道家和以董仲舒

（右上）图1-5 指南车（模型）

指南车是中国古代用来指示方向的一种机械装置。与指南针利用地磁效应不同，它是利用齿轮传动系统，根据车轮的转动，由车上木人指示方向的。

（右下）图1-6 水碓，发明时间最迟在汉代

古代用水力驱动的多碓式舂米机械，水碓的动力机械是一个大的立式水轮，轮上装有若干板叶，转轴上装有一些彼此错开的拨板，用来拨动碓杆。每个碓用柱子架起一根木杆，杆的一端装一块圆锥形石头。下面的石臼里放上准备加工的稻谷。流水冲击水轮使它转动，轴上的拨板拨动碓杆的梢，使碓头一起一落地进行舂米。

图1-7 龙骨水车，约始于东汉（25—220年），三国时发明家马钧曾予以改进

一种用于排水灌溉的机械。因为其形状犹如龙骨，故名"龙骨水车"。其结构是以木头作槽，尾部浸入水流中，有小齿轮。另一端有较大的齿轮固定于堤岸的木架上。用时踩动踏板，使大轮转动，带动槽内板叶刮水上行，倾灌于地势较高的田中。

（前179—前104年）为代表的汉代新儒家思想的影响下，以阴阳五行学说和气论为哲学基础，数学、天学、地学、农学和医学五大学科各自形成了自己的科学范式。（图1-5）（图1-6）（图1-7）

约成书于西汉时期的《九章算术》，划分为方田、粟米、衰分、少广、商功、均输、盈不足、方程、勾股九章，包括了现在初等数学中的算术、代数和几何的大部分内容。它总结了秦汉以前的数学成就并确立了中国数学的发展范式，即从实际问题出发建立模型的数学观、形数结合的数学理论体系和逻辑与直观结合的数学推理方法。后世中国数学著作多宗《九章算术》体例，成为汉代以来2000年之久数学之研究和创造的源泉。《九章算术》中有关分数、比例和正负数的概念和运算的提出，早于印度800年并早于欧洲千余年，它与古希腊欧几里得（Euclid，约前330—前275年）的《几何原本》相媲美而东西辉映。（图1-8）

（上）图1-8 《九章算术》，西汉后期或东汉前期成书，图为宋刻本书影

《九章算术》是中国古代数学专著，其作者不详。该书综合了我国从先秦一直到西汉的各种数学知识。

（下）图1-9 汉代牛耕图

形象生动地反映了汉代人们田间耕作场景和牛耕技术。从牛耕图和出土的铁犁铧、铁犁壁看，汉代耕犁呈方架形，木制部件有犁床、犁箭、犁辕、犁梢、犁衡等；铁质部件有犁铧、犁壁。

西汉末年氾胜之（生卒年不详）所著《氾胜之书》（具体成书时间不详）2卷18篇，现存传本仅为原书的一小部分。书中所总结的耕作栽培总原则，包括"趣时""和土""务粪""务泽""早锄""早获"等6个技术环节。该书反映了铁犁牛耕基本普及条件下的中国农业科学技术水平，同

图1-10 张衡（78—139年），字平子，南阳西鄂（今河南南阳市石桥镇）人（曾舒丛／摹）

我国东汉时期伟大的天文学家、数学家、发明家、地理学家、制图学家、文学家、学者，在汉朝官至尚书，为我国天文学、机械技术、地震学的发展做出了不可磨灭的贡献。

时也开创了中国农书中作物各论的先例。它那以总论和各论描述农作物栽培的范式，成为其后重要综合性农书所沿袭的写作体例。（图1-9）

东汉张衡（78—139年）著《灵宪》并制浑天仪。《灵宝》阐述了宇宙如何从混沌的元气演化出浑天结构的物理过程，包括天地的生成、天地的结构以及日月星辰的本质及其运动等诸多问题。它把中国古代天文学水平提升到一个前所未有的新阶段，并且作为主导范式一直指引着中国传统天文学的发展。在世界天文学史上，《灵宪》亦属不朽之作，它所代表的思想传统与同一历史时期托勒密（Ptolemy, 90—168年）的《至大论》（Almagest）所代表的西方古代宇宙结构亘古不变的思想传统大异其趣，却与现代宇宙演化学说的精神契合相通。（图1-10）（图1-11）

东汉班固（32—92年）所著《汉书·地理志》，可区分为卷首、正文和卷末3部分。卷首全录前代地理著作《禹贡》和《周礼·职方》两篇，作为主体的正文以郡县为纲目详述西汉疆域、区划地理概况，卷末辑录了以《史记·货殖列传》为基础的刘向（前77—前6年）的《域分》和朱赣的

图1-11 浑仪，汉代或汉代前已出现，图为北京古观象台博物馆的浑仪

浑仪是以浑天说为理论基础制造的测量天体的仪器。最基本的浑仪，具有固定不动的赤道环与能绕轴旋转的赤径环，赤径环上装置有窥管。

《风俗》。《汉书·地理志》的体例特征是将自然地理和人文地理现象分系于相关的政区之下，从政区角度来了解各种地理现象的分布及其相互关系。班固首创的这种"政区地理"模式和人文地理观为后世正史和地方志所

尊奉，奠定了以沿革地理和疆域地理为主的中国传统地理学范式的基础。（图1-12）（图1-13）

完善于两汉之际的《黄帝内经》包括《素问》9卷81篇和《灵枢》9卷81篇，合计18卷162篇计20万言，总结了春秋至战国时期以降的医疗经验，阐述了中医学理论体系的基本内容。它以藏象、经络和运气等范畴，建立了一种对生理、病理和治疗原理给以整体说明的模式。作为中国现存成书最早的医学典籍，成为中国2000年来传统医学理论范式，为中医学的发展奠定了基础。中医学史上的著名医家和医学流派，都是在《黄帝内经》理论体系的基础上发展起来的。（图1-14）

图1-12 班固（32—92年），字孟坚，扶风安陵(今陕西咸阳东北)人

东汉官吏、史学家、文学家。典校秘书，潜心20余年，修成《汉书》，后撰《白虎通德论》，并善辞赋，有《两都赋》等著作。

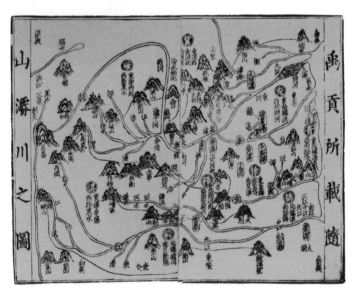

图1-13 《禹贡所载随山浚川之图》，宋代复原图，现藏于北京图书馆

该地图主要表示了当时九州（冀、兖、青、徐、豫、扬、荆、雍、梁）和各州郡的山脉、河流、湖泊、四夷等要素，对一些重要地名及九州界线都注有文字说明，该图是古今对照的历史地图。

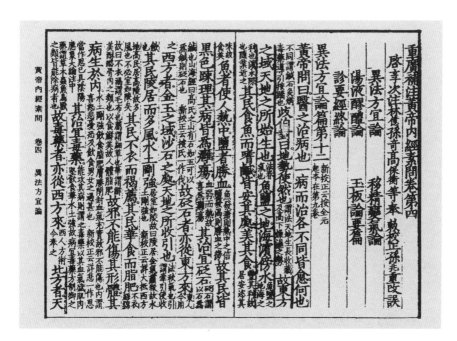

图1-14 《黄帝内经素问》之《异法方宜论》（局部）

《黄帝内经素问》原书9卷81篇，论述了养生保健、阴阳五行、藏象、病因病机、诊法学说、治则学说等内容。

▌科技发展的三次高峰

在儒道互补推进的文化背景下，中国传统科技以三次高峰展示其发展历程和轨迹。先后在南北朝、北宋和晚明时期出现的三次高峰，每次高峰期都是明星灿烂、巨著迭出，在百年左右的时期内出现数名杰出人物，他们在科学技术史上都有一定的地位。

以魏晋玄学为特征的新道学思想解放运动，催生了5世纪中叶到6世纪中叶中国传统科学技术的第一次高峰。南朝宋（420—479年）数学家祖冲之（429—500年）计算圆周率π值到7位小数，这一精度的纪录保持近千年之久，直到1427年才有阿拉伯数学家阿尔·卡西（Al—Kashi，约1380—1429年）得到比之更精确的数值。北齐（550—577年）天文学家张子信（生卒年不详）经30多年的观测发现了太阳和五星视运动的不均匀性（约565年），为后世的太阳和五星视运动研究开辟了新方向。北魏（386—534年）地理学家郦道元（约470—527年）的《水经注》（成书年代不详）开创以水道为纲综合描述地理的新形式。北魏农学家贾思勰（约479—544年）的《齐民要术》（成书于533—544年）标志着中国古代农学体系的形

成。南齐（479—502年）医药学家陶弘景
（456—536年）的《神农本草经集注》
（494年）将人文原则的"三品"分类法
改为依药物自然来源和属性的分类法，开
辟了本草学的新理论体系。（图1-15）（图1-16）
（图1-17）

　　以理学为旗帜的新儒学的理性精
神，在11世纪中叶到12世纪中叶的北宋
时期，把中国传统科学技术推向顶峰。
沈括（1031—1095年）的《梦溪笔谈》
（1086—1093年）记载的布衣毕昇（约
970—1051年）发明胶泥活字（约1045

图1-15　祖冲之（429—500年），字文远，祖籍范阳郡道县（今河北涞水县）

　　中国南北朝杰出的数学家和天文学家，其主要贡献在数学、天文历法和机械三方面。世界数学史上祖冲之第一次将圆周率（π）值计算到小数点后7位，即3.1415926到3.1415927之间。

图1-16　《水经注》，北魏郦道元著，图为刻本书影

　　我国古代较完整的一部以记载河道水系为主的综合性地理著作，在我国历史发展进程中有过深远影响，自明清以后不少学者从各方面对它进行了深入细致的专门研究，形成了一门内容广泛的"郦学"。

13

图1-17 《齐民要术》，大约成书于北魏末年，农学家贾思勰著（四川郫县川菜博物馆藏）

　　一部综合性农书，也是世界农学史上最早的专著之一，当时世界上最完整的农书。《齐民要术》系统地总结了6世纪以前黄河中下游地区农牧业生产经验、食品的加工与贮藏、野生植物的利用等，对中国古代农学的发展有重大影响。

年），军事著作家曾公亮（998—1078年）和丁度（990—1053年）主编的《武经总要》（1044年）记载的火药配方和水罗盘指南鱼的制造方法，是影响世界历史进程的三大技术发明。数学家贾宪（生卒年不详）在其《黄帝九章算经细草》（约1050年）中创造的开方作法本原和增乘开方法，600年后才有法国数学家帕斯卡（Blaise Pascal，1623—1662年）达到同一水平。天文学家苏颂（1020—1101年）在其《新仪象法要》（1094年）中，描述了他与韩公廉（生卒年不详）等人合作创建的水运仪象台，其中有十几项属于世界首创的机械技术，包括领先世界800年的擒纵器。建筑学家李诫（1035—1110年）著《营造法式》（1100年），全面而准确地反映了当时中国建筑业的科学技术水平和管理经验，作为建筑法规指导中国营造活动千年左右。医学家王惟一（987—1067年）主持铸造针灸铜人并著《铜人腧穴针灸图经》（1027年），对针灸技术的发展起了巨大的推动作用。（图1-18）（图1-19）

在实学功利思想的影响下，16世纪中叶到17世纪中叶的晚明时期，以综合为特征的一批专著展现了中国传统科

（上）图1-18 沈括（1031—1095年），字存中，杭州钱塘（今浙江杭州）人

宋代杰出的科学家，于天文、方志、律历、音乐、医药、卜算均有建树。他曾出使契丹，将走过的山川道路，用木材制成立体模型。在物理学上对"磁偏角""凹面镜""共振"等作出了自己的解释与证明。化学上"石油"这一名称，始于《梦溪笔谈》，一直沿用至今。

（下）图1-19 《梦溪笔谈》，大约成书于1086—1093年，沈括著，图为卷十八雕版（中国印刷博物馆藏）

《梦溪笔谈》共有30卷，分17类609条，共10余万字，涉及了古代自然科学所有的领域。

（上）图1-20 李时珍（1518—1593年），字东璧，晚年自号濒湖山人，湖北蕲春人

中国古代伟大的医学家、药物学家，李时珍曾参考历代有关医药及其学术书籍800余种，结合自身经验和调查研究，历时27年编成《本草纲目》一书，是我国古代药物学的总结性巨著，另著有《濒湖脉学》。

（下）图1-21 《本草纲目》书影，成书于1578年，李时珍著（中国阿胶博物馆藏）

共收录中药1832种，共52卷。李时珍根据古籍的记载和自己的亲身实践，对各种药物的名称、产地、气味、形态、栽培、采集、炮制等做了详细介绍。

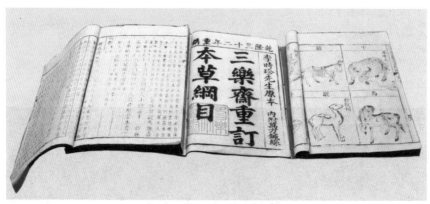

学技术的最后一道光彩。医药学家李时珍（1518—1593年）的《本草纲目》（1578年）提出了接近现代的本草学自然分类法，该书不仅为其后历代本草学家传习，并传到日本和欧洲诸国，被生物进化论创始人达尔文（Charles Robert Darwin，1809—1882年）等现代科学家引用。音律学家、

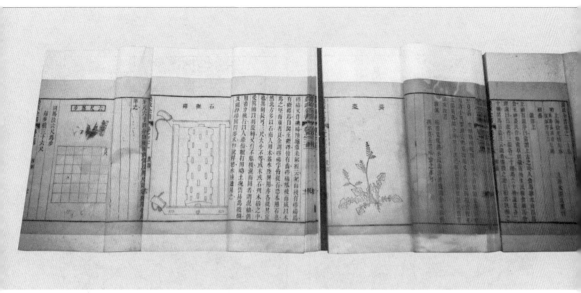

图1-22 《农政全书》，崇祯十二年（1639年）刻板付印，徐光启（1562—1633年）编著，图为刻本书影（上海徐汇区徐光启纪念馆藏）

全书共60卷，约70万字，按内容大致上可分为农政措施和农业技术两部分。前者是全书的纲，后者是实现纲领的技术措施。所以在书中人们可以看到开垦、水利、荒政等一些不同寻常的内容。

数学家和天文学家朱载堉（1563—1610年）的《律学新说》（1584年）数学地解决了十二平均律的理论问题，领先法国数学家和音乐理论家梅森（Marin Mersenne，1588—1648年）半个世纪，并受到德国物理学家亥姆霍兹（Hermannvon Helmholtz，1821—1894年）的高度评价。天文学家、农学家徐光启（1562—1633年）的《农政全书》（1639年）对农政和农业进行系统的论述，成为中国农学史上最为完备的一部集大成的总结性著作。县学教谕和科技著作家宋应星（1587—1666年）的《天工开物》（1637年）简要而系统地记述了明代农业和手工业的技术成就，其中包括许多世界首创的技术发明，从17世纪末就开始传往海外诸国，迄今仍为许多国内外学者所重视。旅行家和地理学家徐弘祖（1586—1641年）的《徐霞客

图1-23 《天工开物》——养蚕 　　　　图1-24 《天工开物》——碾碎谷物的土砻

　　《天工开物》初刊于明崇祯十年（1637年），宋应星（1587—1666年）著。该书对中国古代的各项技术进行了系统的总结，构成了一个完整的科学技术体系。收录了农业、手工业、工业——诸如机械、砖瓦、陶瓷、硫黄、烛、纸、兵器、火药、纺织、染色、制盐、采煤、榨油等生产技术。尤其是机械，更是有详细的记述。

游记》（1640年）描述了百余种地貌形态，在喀斯特地貌的结构和特征的研究领域领先世界百余年。医学家吴又可（1582—1652年）在其著作《瘟疫论》（1642年）中提出"戾气"说，认为温病乃天地间异气从口鼻入侵所致，与200年后法国化学家和微生物学家巴斯德（Louis Pasteur，

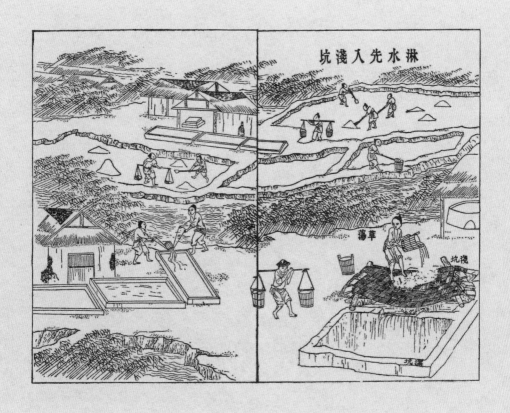

坑淺入先水淋

图1-25 《天工开物》——晒盐

1822—1895年）的细菌学说有颇多相似之处。（图1-20）（图1-21）（图1-22）（图1-23）

（图1-24）（图1-25）

格致
经世

中国科技

2

科学发现

——思想之礼物

▌勾股定理——形数统一的风范

　　凡学过平面几何学的人都知道，设 a 和 b 分别为直角三角形的直角的两条边长，则斜边的边长 c 与 a、b 满足关系式 $c^2 = a^2 + b^2$。西方人称其为毕达哥拉斯定理，因为相传是古希腊哲学家毕达哥拉斯（Phthagoras）在公元前550年发现的，欧几里得的《几何原本》给出了证明。中国人称它为商高定理，因为《周髀算经》中记载了公元前11世纪的数学家商高谈到过这个关系式的一个特例。又因为在商高定理中与 a、b、c 对应的是勾、股和弦，而称其为勾股定理，即直角三角形的两条直角边的平方和等于斜边的平方。（图2-1）

　　《周髀算经》这部数理天文学著作，

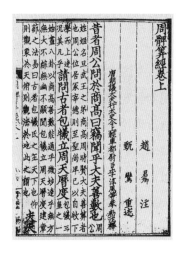

图2-1　《周髀算经》，成书于西汉，图为南宋传刻本书影

　　算经的十书之一，原名《周髀》，天文学著作。其中涉及部分数学内容，有勾股定理、比例测量与分数四则运算。《周髀算经》记载了勾股定理的公式与证明，相传是在周代由商高发现，故又称之为商高定理。

21

也是流传下来的中国最早的数学著作，一般认为成书于公元前1世纪。该书卷上记载了商高答周公问和陈子答荣方问，前者有勾股定理的一个特例 $3^2+4^2=5^2$，并且说早在大禹时代就用其治理洪水，后者有应用勾股定理和比例算法测量太阳高远和直径的内容。在稍后的《九章算术》中把"勾股术"列为专章，给出勾股定理的一般性表达"勾股各自乘并而开方除之即弦"，以及解勾股形和若干测望问题的方法。（图2-2）

中国古人不仅很早就发现并应用勾股定理，而且很早就尝试对其进行理论的证明。三国时期吴国的数学家赵爽，借助"勾股圆方图"以形数结合的方法，给出勾股定理的最早证明。他的这种用几何图形的截、割、拼、补来证明代数式之间的恒等关系的做法，成为其后中

图2-3 刘徽，三国时魏国人

我国古代数学家。所著《九章算术注》不仅奠定了中国古典数学理论的基础，而且取得了许多重大的数学创新成果。

图2-2 《周髀算经注》弦图书影

赵爽深入研究了《周髀算经》，为该书写了序言，并作了详细注释。其中一段530余字的"勾股圆方图"注文是数学史上极有价值的文献。用数形结合的方法，给出了勾股定理的详细证明。

22

图2-4 柏拉图、
毕达哥拉斯和梭
伦，16世纪，罗马
尼亚修道院壁画

柏拉图，古
希腊唯心论哲学家
和思想家。毕达哥
拉斯，古希腊哲学
家、数学家和音乐
理论家。梭伦，雅
典改革家及执政
官。

国古代数学家效法的典范。例如稍后的刘徽也是用"以形证数"的方法证明勾股定理的，只是具体图形的分合移补略有不同而已。（图2-3）

毕达哥拉斯、柏拉图和欧几里得先后给出勾股数组公式，赵爽以勾股圆方图建立的19个勾股数，给出勾股数相互关系的公式。《九章算术》又给出世界最早的勾股数组通解公式，把勾股代数学推到最高峰。数量关系与空间形式往往是形影不离地并肩发展着，法国人笛卡儿（Rene Decartes，1596—1650年）发明解析几何学，正是中国数学传统中"形数统一"思想的重现与继续。（图2-4）

▌浑天坐标——生而具有现代性

计量恒星位置有3种经典方法，中国的浑天坐标系统、希腊人的黄道坐标系统和阿拉伯人的地平坐标系统，唯有中国的浑天坐标系统与现代天文学的赤道坐标系统一致。赤道坐标系（equatorial coordinate system）是以天赤道为基本平面的天球坐标系。过天球中心与地球赤道面平行的平面称为天球赤道面，它与天球相交而成的大圆称为天赤道。天赤道的几何极称为天极，与地球北极相对的天极即北天极，是赤道坐标系的极。经过天极的任何大圆称为赤经圈或时圈，与天赤道平行的小圆称为赤纬圈。天体的赤经和赤纬，不因周日视运动或不同的观测地点而改变，所以各种星表通常列出它们。（图2-5）

赤道天球坐标系在古代中国被称为浑天系，它是以时圈与赤道相交点为划分规则的完善的赤道分区体系。赤道分区的标志点是通过永不升降的极星和拱极星的指引而确定的，赤道被划分为28份并称其为二十八宿（宿是月站的意思），每宿由一个特殊的星座标定。二十八宿被归类为四宫（每宫七宿），东方苍龙，南方朱雀，西方白虎，北方玄武。对天球大圆

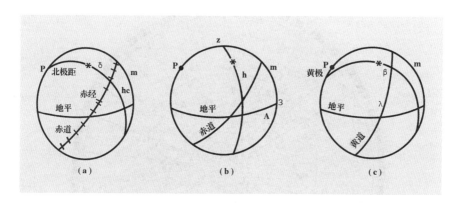

图2-5 3种天球坐标系统：（a）中国——赤道坐标系统；（b）阿拉伯——地平坐标系统；（c）希腊——黄道坐标系统

　　赤道坐标系以天极为中心，地平坐标系以天顶为中心，黄道坐标系以黄极为中心，这3个中心是不一致的，三者的空间取向也是有区别的，3种天球坐标系的差异也正在于此。

认识的逐步完善导致浑天宇宙论，它是将天地看作一个整体，将这个整体比作一枚鸡卵，将地球比作卵中黄，将环绕地球的天穹比作卵白和卵壳。浑天系把天球视为地球全方位的延伸，以地体为天地的球心，以南、北两天极为轴心，以缘地球表面向四周延伸的太空为上下四方。（图2-6）

　　早在公元前10世纪中国就建立了以二十八宿和北极为基准的赤道坐标系统，公元前5世纪以后逐渐形成了完善的浑天宇宙论，创制了圭表、漏壶、浑仪、简仪和水运天象台等天文仪器，积累了丰富

图2-6 二十八星宿图，湖北随县（今随州市）出土的战国时期的二十八星宿图（曾舒丛／摹）

　　二十八星宿，又名二十八舍或二十八星，它是古代特有的星区划分方法，它把沿黄道和赤道附近的星象划分为28个部分，每一部分叫作一宿。

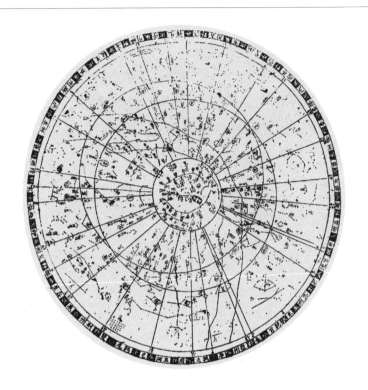

图2-7 苏州
石刻星图

世界现存
最古老的石刻
星图之一。是
根据北宋元丰
年间（1078—
1085年）的观
测结果刻成
的。

的、连续的观测记录。《甘石星经》记录了公元前4世纪战国时期观测的800个恒星的名字和121颗恒星的方位以及五大行星的运动规律。三国时代就已编制了包括283个星座1465颗恒星的星表，史书中还保留有大量奇异天象记录，其中包括公元前687年的流星雨记录、公元前613年的哈雷彗星记录、公元前32年的极光记录、公元前28年的太阳黑子记录、134年的超新星记录。中国对"彗孛流陨"有全面和持续的记录，太阳黑子记录100多次，彗星记录600多次，日食记录1000多次，流星雨记录数千次。直到文艺复兴时期都没有哪个国家比中国的天文观测更系统、更精密，今天的射电天文学家也还要查阅2000年前中国的新星和超新星记录。（图2-7）

▎小孔成像——观察实验的方法

让太阳光通过一个小孔，在小孔后适当远的地方放一个屏幕，当太阳光通过小孔照射在白屏上时，屏幕上就会呈现一个太阳的像。或者将带有小孔的板放置在物体和屏幕之间，当太阳光或以其他光照射物体时，屏幕上就会呈现物体的倒影，并且前后移动中间隔板还会改变影的大小。这类小孔成像和小孔成影的现象，反映的是光的直线传播的性质。光的直线传播是几何光学的依据，是望远镜和显微镜以及照相机等光学仪器原理的基础。光的直线传播是人类长期的大量的观察所得，世界上最早的小孔成倒影的实验出自公元前5世纪的中国墨家。（图2-8）

至晚在12世纪，中国已使用圭表测量日

图2-8　墨子（约前468—前376年），名翟，鲁人（曾舒丛／摹）

墨子是我国战国时期著名的思想家、教育家、科学家、军事家、社会活动家，墨家学派的创始人。创立墨家学说，并有《墨子》一书传世。

27

图2-9 明刻本《墨子》（节选），战国时期墨家代表作，墨子门徒编集

原有71篇，现存53篇，是一本反映人民思想的哲学书，《墨经》是《墨子》书中的重要部分。

图2-10 圭表

圭表的底座为明仿元代郭守敬所制，其上铜圭表为1983年复制，原件现存于南京紫金山天文台。它是应用针孔成像的原理，测定正午时刻投到圭面上的日影长度，推算出冬至、夏至时刻，进而推算出回归年的长度。

影的长短规定季节时刻和使用窥管观测恒星的位置，这些方法都暗含着光的直线传播性质的应用。战国时期的墨翟（前468—前376年）和他的学生们，设计并进行了世界上第一个小孔成倒影的实验，以证明光的直线传播的性质。在一间暗室的朝阳的东墙上开一个小孔，当人对着小孔站在室外时，室内对着小孔的洁白的西墙上就会呈现倒立的人影。对于为什么会出现这种现象，墨家以光的直线传播予以解释。光穿过小孔如射箭一样直线行进，人的头部遮住了上面的光线而成影在下边，人的足部遮住了下面的光线而成影在上边，因而形成倒立的人影。在《墨经》这部墨家的著作中，有8条文字记载了他们的直线

光学研究，涉及光与影的关系以及平面镜、凹面镜和凸面镜的反射成像，其中的小孔成像最为著名。（图2-9）（图2-10）

2000年以后的14世纪中叶，天文学家赵友钦（1279—1368年）对小孔成像进行了系统的实验研究，其著作《革象新书》中有对这些实验的描述。他在一座三层的楼房中，用2000多支蜡烛作光源，实验探索小孔成像的规律，是当时世界上绝无仅有的光学实验。他在两个方面得出明确的结果，其一是孔与光源和屏幕的距离对成像的影响，其二是孔的大小对成像的影响。在距离影响方面他发现，光源与孔的距离、屏幕与孔的距离都影响像的大小和亮暗，像随光源与孔的距离增加而变小和变暗，像随屏幕与孔的距离增加变大和变暗，在光源、小孔、像屏距离不变时成像形状不变而只有亮暗的差别。在孔径影响方面他发现，孔的大小影响成像的亮暗和倒正，当孔小时呈较暗的倒像并且与像的形状和孔的形状无关，而当孔大时则呈较亮的正像并且像的形状与孔的形状相同。

▋ 经络学说——整体论的人体观

人体经络学说是中国传统医学理论的
核心，中医以其解释人体的生理机能、病
理机制、临床症状，特别用于指导针灸治
疗。经络是"经脉"和"络脉"的总称。
经脉贯通上下，为纵行的主干。络脉是经
脉别出的细支，纵横交错。经络相贯，遍
布全身，形成系统。经络系统的作用是，
内属脏腑，外络形体，行气血，营阴阳，
濡筋骨，利关节。作为人体特殊的血气运
行通路的经络系统，血行脉中而气行脉
外，通过其有规律的循行和复杂的联络交
会，把人体五脏六腑、肢体官窍及皮肉筋
骨等组织紧密地联结成统一的有机整体。

图2-11 《足臂十一脉灸经》(局部)，
帛书，湖南长沙马王堆3号汉墓出土

现存最早的经脉学著作之一。

(图2-11)

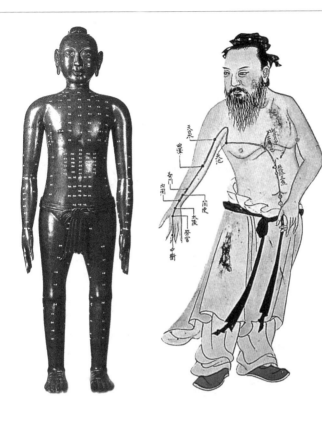

(左) 图2-12 针灸铜人
人体模型, 明仿宋铸
造

针灸铜人是中国
古代供针灸教学用的
青铜浇铸而成的人体
经络腧穴模型。始于
北宋天圣年间, 明清
及现代均有制作, 是
经络腧穴教学不可缺
少的教具。

(右) 图2-13 针灸穴位
图, 18世纪绘画

针灸是广为人知
的传统中医疗法, 这
幅图展示了多个控制
心脏疾病和性器官疾
病的穴位。

　　经络系统主要由阴阳的十二经脉、连接阴经和阳经以行深部联系的十二经别、起于肢末而行于体表浅部联系的十二经筋、补经脉之不足而行调节的奇经八脉和腧穴组成。十二经脉包括手太阴肺经、手少阴心经、手厥阴心包经、手太阳小肠经、手少阳三焦经、手阳明大肠经、足太阴脾经、足少阴肾经、足厥阴肝经、足太阳膀胱经、足少阳胆经、足阳明胃经。奇经八脉包括督脉、任脉、冲脉、带脉、阳蹻脉、阴蹻脉、阳维脉、阴维脉。腧穴包括经穴、经外奇穴、阿是穴和耳穴, 作为主体的360多个经穴分布在十二经脉和任、督两脉循行路线上。气血在十二经脉中循行路线被概括为: "手之三阴, 从脏走手, 手之三阳, 从手走头; 足之三阳, 从头走足, 足之三阴, 从足走脏。" (图2-12) (图2-13)

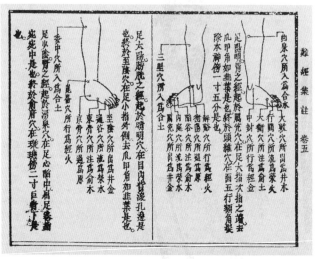

（上）图2-14 《难经集注》书影，明代，王九思等辑

本书是将《难经》注文加以选录分类汇编而成。全书按脉诊、经络、脏腑、疾病、腧穴、针法等次序分为13篇。

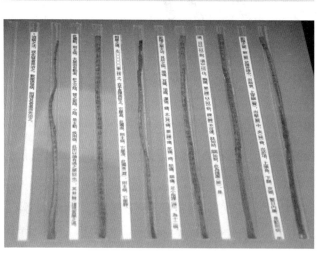

（下）图2-15 汉代竹简《脉书》，1983年湖北江陵张家山247号汉墓出土

《脉书》共2028字，约在西汉初期被抄写在65枚竹简上，其内容可分5个部分。第一部分主要论述病候。第二部分内容与马王堆医书《阴阳十一脉灸经》甲、乙两本完全相符。第三部分内容与马王堆医书《阴阳脉死候》基本相同。第四部分用四言韵体论述人体骨、筋、血、脉、肉、气等6种组织或生理机能及其发病为"病"的症候特征。第五部分内容与马王堆帛书《脉法》基本相同。

　　经络学说形成的标志是《黄帝内经》，虽然《难经》和《脉书》也有所记载。在《黄帝内经》中有经络学说的系统论述，包括十二经脉的循行部位、属络脏腑，以及十二经脉发生病变时的症候。《黄帝内经》还记载有十二经别、别络、经筋、皮部等的内容，以及有关奇经八脉的分散的论述，并且记载了约160个穴位的名称。因为没有足够的可靠的历史文献，迄今人们还不能描述经络学说形成的过程。它可能是由经验逐步上升为理论的，古代的针灸、推拿、气功等医疗实践当是其基础。它或许是一时提出的假说，以古人对血管和神经的非常粗浅的认识为背景，并受到阴阳五行哲学的影响。（图2-14）（图2-15）

经络学说的当代研究面临的最大困难是关于经络本质的现代科学说明。按中医学古文献的描述，行血气的经络的功能类似于血管、神经和淋巴。东汉王莽时期的一次人体解剖，否定了血管作为经络实体结构的可能，其后的中医学不再寻找类似的对应。经络的现代研究均未找到独立于神经、血管和淋巴之外的经络系统。20世纪60年代朝鲜的金凤汉（Kim Bonghan）曾宣称发现了经络的实体结构，因不被同行承认而以跳楼自杀了结。其后的诸多研究，从文献学、形态学、生理学、胚胎发生学、物理学等各个方面着手，提出了各种假说。最引人注目的是韩国首尔大学苏光燮（Kwang-Sup Soh）的工作，2002年以来他发表多篇论文支持"金凤汉学说"（Bonghan Theory），宣称发现与经络相关的"新线状结构"实体。

▌海陆变迁——将今论古的推理

　　海陆变迁是个复杂的地壳变化过程。地球已经有46亿年的历史，而人类文明的历史才只有几千年。人类对地球的认识是从它的表面开始的，经过长期的观察和思考才深入到地壳的变化。大约在1000年前，鉴别海陆变迁的方法找到了，那就是生物化石。化石是保存在岩层中的古代生物遗体或它们的痕迹。由于生物及其生存环境的相关性，人们可以根据生物化石追溯这些生物原来的生活环境及其变化情况，其中包括鉴别海陆变迁与否。这一方法由中国的沈括首创，并且一直到16世纪，中国的海陆变迁研究都领先世界。（图2-16）

　　中国地处欧亚大陆东端的太平洋西岸，从远古时候起就不断有人对海陆自然现象进行观察。早在先秦时期就有"高岸为谷，深谷为陵"（《诗经·小雅·十同之交》）和"地道变盈而流谦"（《周易·系辞》）的认识。晋代的葛洪（约284—364年）所著《神仙传》有麻姑"见东海三为桑田"的神话故事。唐代颜真卿（709—785年）在其《麻姑仙坛记》中，引述了葛洪的麻姑神话，接着写到了麻姑山"东北有石崇观，高石中犹有螺蚌壳，或以为桑田所变"。唐代大诗人白居易（772—846年）的《海潮赋》也表达了他对海陆变迁的认识，"白浪茫茫与海连，平沙浩浩四无边；朝来暮去淘不住，遂令东海变桑田"。北宋的沈括的海陆变迁研究，确立了将今论古的科学方法。

沈括在其30卷本《梦溪笔谈》卷二十四中写道："予奉使河北，遵太行而北，山崖之间，往往衔螺蚌壳及石子如鸟卵者，横亘石壁如带。此乃昔之海滨，今东距海已近千里。所谓大陆者，皆浊泥所湮耳。尧殛鲧于羽山，旧说在东海中，今乃在平陆。凡大河、漳河、滹沱、涿水、桑乾之类，悉是浊流。今关、陕以西，水行地中，不减百余尺，其泥岁东流，皆为大陆之土，此理必然。"沈括在这里根据太行山岩石中的生物化石推论华北平原的成因。欧洲文艺复兴杰出代表列奥纳多·达·芬奇（Leonardo da Vinci，1452—1519年），在其领导运河开凿工程过程中，曾对化石进行观察和研究，认为现今内陆或高山上发现的海生贝壳化石，是原先生长在海

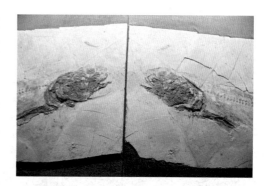

图2-16 生物化石

潘氏北票鲟化石，藏于辽宁锦州博物馆（上）；兴义亚洲鳞齿鱼全骨化石，藏于贵州省博物馆（中）；三叶虫化石，中奥陶世时期，湘西虫（大）和四川虫（小），藏于广西柳州博物馆古生物化石陈列馆（下）。

图2-17 太行山秋色

水中的生物，后来埋藏在泥沙中而形成，并由此推测海陆变迁历史。但这已经是沈括之后400年的事了。（图2-17）

　　沈括谙熟天文、地理、历算、音乐、医药等学问而又兼通水工、建筑、兵器、农耕诸技术，其博学多能也像几百年以后的列奥纳多·达·芬奇。他运用观察和推理的方法获得许多重要科学成果，如在天文方面他测得了当时的北极星与天北极的角距，提出了适合农业生产的先进历法；在数学方面他首创高阶等差级数求和的"隙积术"；在物理方面，他最早

图2-18 雁荡山世界地质公园灵岩景区，卓笔峰与卧龙谷

发现磁偏角，最早用实验证实琴弦的基音与泛音的共振关系；在地学方面，除上述太行山化石论海陆变迁外，他还根据雁荡山的地形认识到水的侵蚀作用，700年之后才有莱伊尔（1797—1875年）在《地质学原理》（*Principles of Geology*，1830—1832年）中的类似论述。（图2-18）

▌救荒本草——人道引领的科学

　　由于季风气候造成的旱涝灾害，饥荒之苦周期性地降临中国。在应对饥荒或饥荒威胁方面，几千年来人们积累了丰富的"救荒"经验。"救荒"包括灾荒时的赈济措施和寻找代食品，如政府设置赈济用的"义仓"和"常平仓"，以及寻找非栽培的野生植物代食品。早在12世纪就有董炜的《救荒全书》和《救荒活民书》问世，在14世纪下半叶以后的约300年间，一个寻找野生食用植物的运动崛地而起，朱橚的《救荒本草》（1406年）开食用植物学之先河，随之而来有王磐的《野菜谱》（1524年）、周履靖的《茹草编》（1582年）、高濂的《饮食服笺》（1591年）、鲍山的《野菜博录》（1622年）、姚可成的《救荒野谱》（1642年）等著作面世，而其中以朱橚的《救荒本草》最为全面。_{（图2-19）}

　　朱橚（1361—1425年）是明太祖的第五个儿子，1378年被封为周王，1381年获封地开封，死后称周定王。他创建了一个代食野生植物的试验场，从田野、沟边和野地收集来的植物在这里进行实验。通过对这些植物生长和发育过程的亲自观察，他记述了这些植物各个可食部分的细节，

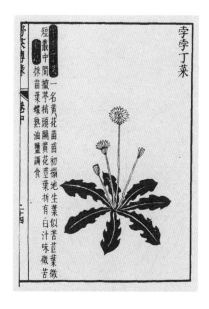

图2-19 《野菜博录》书影——孛孛丁菜，明朝，鲍山编

作者对可供食用的野生植物曾广为采集，有较深入的研究，并对其中的一些食用植物亲自移植栽种。《野菜博录》即鲍氏在充分实践的基础上参考文献写成。全书共收可食植物435种，均附以插图，记其形态与性味和食法。

还请专门的画工为每种植物绘图，于1406年编成《救荒本草》。继承了宋代本草传统的《救荒本草》，作为植物图谱，它先于欧洲半个多世纪，欧洲最早的植物图谱为格兰维尔（Bartholomew de Glanville）的《大全》（*Liber de Proprietatibus Rerum*，1470），而公认的具有科学意义的植物图始于1475年以来的一批著作，如康拉德（Conrade de Megenberg）的《自然志》（*Puch de Natur*，1475年）、德国的《植物品汇》（*German Herbarius*，1485年）、布伦弗尔斯（O.Brunfels，1488—1534年）的《草木植物志》（*Herbarum Vivae eicones*，时间不详）等。（图2-20）

《救荒本草》包括有414种植物的记述和插图，其中草类植物245种、木类植物80种、谷豆类植物20种、果类植物23种、蔬菜类植物46种。其中138

图2-20 朱橚（1361—1425年），明朝开国皇帝朱元璋的第五个儿子

青年时期朱橚就对医药很有兴趣，认为医药可以救死扶伤。先后组织编写了《保生余录》《袖珍方》《普济方》和《救荒本草》。

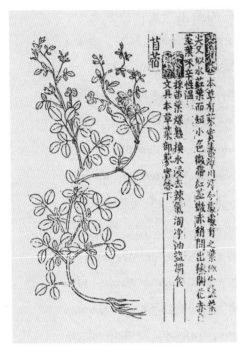

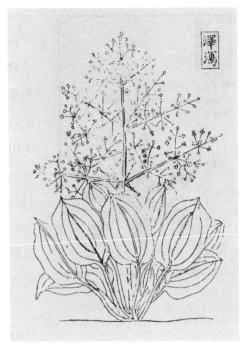

图2-21 《救荒本草》书影——苜蓿，明永乐四年（1406年）刊刻，朱橚编写　　图2-22 《救荒本草》书影——泽泻

种见于以前本草，其余276种皆为新发现。他将可食用部分区分为根、茎、皮、叶、花、果，据此根类51种、茎苗类8种、皮类8种、叶类305种、花类14种、果实和种子114种。对每种植物都首言产生之壤和同异之名，次言寒热之性和甘苦之味，终言淘浸晒调和之法。（图2-21）（图2-22）

　　朱橚的《救荒本草》1406年初版后，又相继在1525年、1555年、1586年多次再版。明末出版的徐光启的《农政全书》（1639年）将其作为《救荒篇》重新出版，清初出版的俞森的《荒政丛书》（1690年）再次将其收入日文版的《救荒本草》（1716年）。朱橚所描述的植物至少有37种被驯化为园艺植物，另有16种在日本和欧洲作为食物，印度饥荒用植物

280多种与朱橚的相同。斯温格尔（W.T.Swingle）的论文《食用植物》（*Noteworthy Chinese Works on Wild and Cultivated Food Plants*，1935年）对中国食用植物传统倍加赞赏，"中国有极其丰富的植物群落，栽培者把大量的植物用来从事实验，从而使中国人今天拥有非常大量的栽培作物，很可能是欧洲的10倍和美国的20倍"。

寻找野生植物代食品是一项有中毒风险的研究，这种冒险行动彰显了植物学家们的人道主义。李濂医生为第二版《救荒本草》（1525年）作序（《重刻救荒本草序》）时说，"五方之气异宜而物产之形质异状，名汇既繁，真赝难别，使不图列而详说之，鲜有不以蛇床当蘼芜，荠苨乱人参者，其弊至于杀人，此《救荒本草》所以作也"。食用植物学家们通过研究确定，哪些植物是安全的和有益健康的，哪些植物是危险而有害的，开拓了一个新的知识领域。植物学的这一独特的发展方向，直到18世纪才引起欧洲人的兴趣，布莱恩特（Charles Bryant）出版了他的著作《植物饮食学，或国内外食用植物史》（*Flora Diaetetica,or History of Esculent Plants,both Domestic and Foreign*，1783年）。

格致
经世

中国科技

3

技术发明
——革命之工具

▎印刷术——文字的复制

雕版印刷和活字印刷都创始于中国。造纸术在3世纪，雕版印刷在9世纪，活字印刷在11世纪已普及。它们经西亚传到了欧洲并导致15世纪德国人古腾堡（Johannes Gutenberg，1400—1468年）发明印刷机（1450年）。这场静悄悄的革命有力地推进了欧洲的文艺复兴和宗教改革。

105年，东汉蔡伦（约62—121年）在前人经验的基础上，规范了用树皮、麻头、破布和旧渔网等材料制造植物纤维纸的程序，包括打浆、漂白和摊晾等。从6世纪开始，造纸术逐渐传往朝鲜、日本，以后又经阿拉伯、埃及、西班牙传到欧洲的希腊、意大利等地，引发了世界书写材料的巨大变革。造纸术西传的关键事件是大唐与阿拉伯帝国之间的怛逻斯之战。安西节度使高仙芝（？—755年）751年率唐军赴塔什干平叛，在怛逻斯城败于阿拉伯帝国（黑衣大食）联军，千余名唐军战俘中包含有造纸工匠。遂有撒马尔罕（757年）、巴格达（793年）和大马士革（795年）三大造纸中心，继而有西班牙（1102年）、意大利（1276年）、法国（1348年）、德国(1391年)、英国（1494年）、荷兰（1586

图3-1 蔡伦（约61—121年）字敬仲，东汉桂阳郡（今湖南来阳市）人

我国四大发明中造纸术的发明者。蔡伦的发明创新不只造纸，他"监作秘剑及诸器械，莫不精工坚密，为后世法"，"有蔡太仆之弩，及龙亭九年之剑，至今擅名天下"。

年）和美国（1690年）先后开设了造纸厂。随着造纸术的传播，纸张先后取代了埃及的纸草、印度的树叶以及欧洲的羊皮等。（图3-1）（图3-2）

在7世纪的唐代，人们把刻制印章、从刻石上拓印文字和印染花布3种方法结合起来，发明了雕版印刷术。最早提及雕版印刷的时间在唐贞观十年（636年），唐太宗下令用雕版印刷《女则》。现藏于大英图书馆的《金刚般若波罗蜜经》，标明的印刷年代是咸通九年四月十五日（868年）。

图3-2 蔡伦墓正殿内右侧的《造纸工艺图》

图3-3 雕版印刷板（江苏扬州博物馆藏）

　　雕版印刷是最早在中国出现的印刷形式，在印刷史上有"活化石"之称。扬州是中国雕版印刷术的发源地，是中国国内唯一保存全套古老雕版印刷工艺的城市。

　　10世纪雕版印刷在中国已广泛使用，随后传入阿拉伯世界并进而传到埃及和欧洲。伊尔汗国宰相、历史学家拉施德丁（*Rashid-al-Din Hamadani*，1247—1318年）的著作《史集》（*Jami al-Tawarikh*）记载有中国雕版印刷方法，欧洲现存最早的有确切日期的雕版印刷品是德国南部的《圣克利斯托菲尔》画像（1423年）。（图3-3）（图3-4）

　　沈括的《梦溪笔谈》中记载了毕昇发明胶泥活字，王桢（1260—1330年）的《造活字印书法》（1298年）在介绍木活字的同时也谈到锡活字。活字本为1965年在浙江温州白象塔内发现的刊本《佛说观无量寿佛经》（北宋元符三年至崇宁二年，1100—1103年）。活字印刷在中国长期未能

45

图3-4 《金刚经》卷首插画局部，唐咸通九年（868年）印刷，世界上现存最早的雕版印刷品（英国大英图书馆藏）

描绘佛陀与弟子须菩提交谈的场景。《金刚经》，全称《金刚般若波罗蜜经》，中国禅宗南宗的立宗典据，此卷全长5米，宽2.7米。1900年在敦煌莫高窟藏经洞发现。

取代雕版印刷，主要原因是以表意为特征的中文数量巨大。而对于以少量字母为基础的欧洲拼音文字来说，活字印刷比雕版印刷更简便易行。活字印刷这一印刷史上的重大革命，在古腾堡手里形成了比较完善的技术规范，包括铸字、排版、版面美化和装帧等。关于活字印刷术西传问题，

图3-5 中国活字印刷术

图为工人正从旋转架里拣拾活字排版，这种旋转架是根据13世纪王桢发明的活字轮盘活版植字法制作的。

图3-6 印刷用的木制活字

　　中国早在11世纪就发明了活字印刷。使用可以移动的金属或胶泥字块，用来取代传统的抄写，或是无法重复使用的印刷版。活字印刷的方法是先制成单字的阳文反文字模，然后按照稿件把单字挑选出来，排列在字盘内，涂墨印刷，印完后再将字模拆出，留待下次排印时再次使用。

　　在毕昇发明活字（1045年）和古腾堡发明印刷机（1450年）之间，其中间环节或是俄罗斯人或是阿拉伯人发展的，尚无确切的结论。（图3-5）（图3-6）

▌黑火药——枪炮的能源

火药分为黑火药和黄火药两大系统，黑火药是中世纪的经验型的发明，黄火药是18世纪中叶的化学合成物。黑火药是具有燃爆功能的物理混合物，其主要成分是硝、硫黄和木炭，硝含量决定其燃烧后的膨胀量。用作火器发射药的黑火药的正确配比为硝75%、硫黄10%和木炭15%。黑火药的发明有一个经验摸索的过程，它的原始配方出自11世纪中国文献记载，而最先达成正确配比的是阿拉伯人和欧洲人，这中间是如何传播的还是一个没有完全解决的问题。

宋代曾公亮主编的《武经总要》（1044年）记载了世界上最早的3个火药配方，即毒药烟球火药方（川乌、草乌、南星、半夏、狼毒、蛇埋、烂骨草、金顶砒、牙皂、巴霜、铁脚砒、银绣、干漆、干粪、松香、艾肭、雄黄、金汁、石黄、硝火、硫火、松灰、柳灰、斑猫、断肠草、姜汁、烟膏、哈蟆油、骨灰）、蒺藜火球火药方（焰硝二斤半、硫黄一斤、粗炭末五两、沥青二两半、干漆二两半、竹菇一两一分、麻茹一两一分、桐油二两半、小油二两半、清油二两半）和火球火药方（焰硝二斤半、硫黄十四

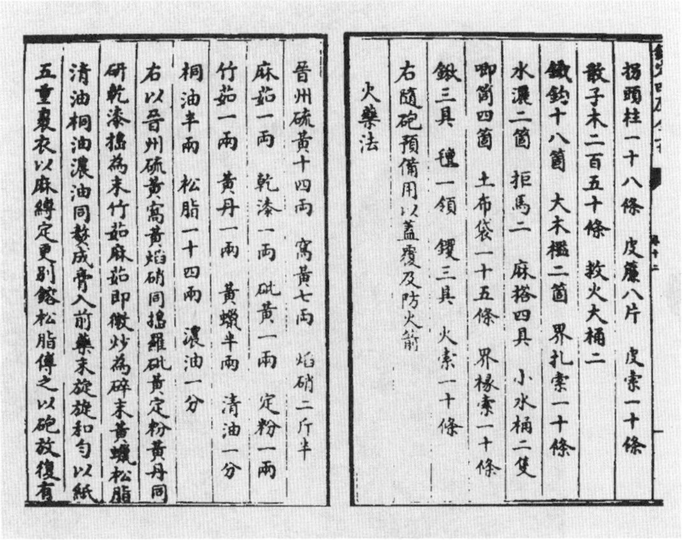
拐頭柱一十八條 皮簾八片 皮索一十條
散子木二百五十條 救火大桶二
鐵鈎十八箇 大木檑二箇 界扎索一十條
水濃二箇 拒馬二 麻搭四具 小水桶二隻
唧筒四箇 土布袋一十五條 界椽索一十條
鍬三具 钁一領 鏝三具 火索一十條
右隨砲預備用以蓋覆及防火箭
火藥法
晉州硫黃十四兩 窩黃七兩 焰硝二斤半
麻茹一兩 乾漆一兩 砒黃一兩 定粉一兩
竹茹一兩 黃丹一兩 黃蠟半兩 清油一分
桐油半兩 松脂一十四兩 濃油一分
右以晉州硫黃窩黃焰硝同搗羅砒黃定粉黃丹同
研乾漆搗為末竹茹麻茹即微炒為碎末黃蠟松脂
清油桐油濃油同熬成膏入前藥末旋旋和勻以紙
五重裹衣以麻縛定更别鎔松脂傅之以砲放復有

图3-7 《武经总要》，宋仁宗命曾公亮、丁度编写，图中文字为关于火药配方的记载

《武经总要》共40卷，分前后2集，前集记录北宋军事制度，后集记录历代兵谋得失。

两、窝黄七两、麻茹一两、干漆一两、砒黄一两、定粉一两、竹茹一两、磺丹一两、黄蜡半两、清油一分、桐油半两、松脂十四两、浓油一分）。

（图3-7）

中国先人是在炼丹过程中发现了火药功能的，汉代的葛洪和唐代的孙思邈（518—682年）都有所发现。最早提到火药的是炼丹书《真元妙道要略》（约850年），警告炼丹家注意硝、硫黄和木炭混合在一起燃烧的危险。在10世纪的唐末已制成用于烟花和战争的管状燃烧器具，在11世纪这种火器普遍用于战争，以后又将火药用作发射药，最初用于低效率的抛石炮和火箭，13世纪末又用于火炮和金属管枪。“八面威风惊风震火炮”和“九箭穿心毒火雷”这些名称足以表明其响声和杀伤力。蒙古人在与宋、金作战中学会了火药和火器的制作方法，阿拉伯人可能是从与蒙古人作战中学会了这些，约在13世纪欧洲人才从阿拉伯人的书籍中获得了火药知识，到14世纪前期又从对阿拉伯国家的战争中学到了制造火药和使用火器

图3-8　葛洪（约284—364年），字稚川，号抱朴子，人称"葛仙翁"，江苏省句容县人

　　东晋道教学者、著名炼丹家、医药学家。他曾受封为关内侯，后隐居罗浮山炼丹。著有《神仙传》《抱朴子》《肘后备急方》《西京杂记》等。

图3-9　《葛稚川移居图》局部，轴，纸本，设色，纵139厘米×横58厘米，元代王蒙绘（北京故宫博物院藏）

　　《葛稚川移居图》描绘葛稚川（葛洪）搬家到罗浮山炼丹的路上的情景。此画描绘远处山间茅屋，一小童站在屋里，一小童在门口站立。

的方法。（图3-8）（图3-9）

　　罗吉尔·培根（Roger Bacon，1214—1294年）自1267年以降多次提到火药，希腊人马克（Marcus Graecus，Mark the Greek）写过一本拉丁文的著作《焚敌火攻书》（*Liber Ignium ad Comburendos Hostes*，1280年），1313年德国人贝特霍尔德舍贝尔兹（Berthold Schwarz）制造枪炮使用了黑火药，

图3-10 戚继光（1528—1588年），字元敬，号南塘，晚号孟诸，汉族，山东登州人

明代著名将领、军事家。戚继光以捍卫边疆为己任，屡克强敌，战功卓著，有《纪效新书》《练兵实纪》《止止堂集》等书传世。

1325年意大利佛罗伦萨出现铸铁炮和炮弹，1331年德国人在围攻意大利其维达列时使用了火器，1338年英军舰贝尔纳德茨尔号首次装配大炮，1344—1347年英国德罗尔德斯顿制成火药。在明末随着从葡萄牙人引进红衣炮和通过日本间接传入火绳枪，作为发射药正确配比的"黑火药"配方传入中国，明代戚继光所著《纪效新书》和茅元仪所辑著《武备志》（1621年）中有所记载。（图3-10）

（图3-11）

图3-11 《武备志》，明代，茅元仪辑，图中内容为群豹横奔箭的图示与解说

《武备志》为中国明代大型军事类图书，是中国古代字数最多的一部综合性兵书。240卷，文200余万字，图738幅。群豹横奔箭是明代创制的多发火箭。

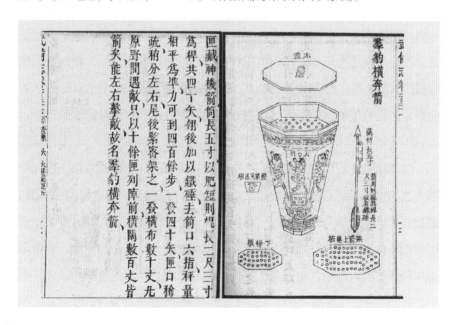

▌ 指南针——方位的信息

指南针（south-directing needle）或磁罗盘（compass）是用以判别方位的仪器，其主要组成部分是可以自由转动的磁针。其原理基于磁针与地磁场的相互作用，磁针能保持在磁子午线的切线方向上，磁针的北极永远指向地磁的南极。中国有关于指南针设计方案、制造和使用的最早文献记录，其用于航海也早于欧洲。但磁针指极性的普遍性的证明，是法国科学家佩里格里鲁斯（Petrus Peregrinus，又名Pierre de Maricourt，1240—？）首先在1269年给出的，他以天然磁石球模拟地磁极性吸附磁针的实验证明。

（图3-12）

指南针的发明是古人在长期的实践中对物体磁性认识的结果。古代中国人首先发现了磁石引铁的性质，后来又发现了磁石的指向性，在战国时期制成了世界上最早的指南仪"司南"。北宋曾公亮在《武经总要》中介绍的指南鱼制作方法，是世界上最早利用地磁场人工磁化的记录，将鱼形铁片烧红后放入水中，令铁鱼头尾指向南北方向，指北的鱼尾稍微向下倾斜。北宋沈括在《梦溪笔谈》中描述了指南针的4种设计原理，水浮法、指

图3-12 司南

　　早在战国时期就发明了。我国古代辨别方向用的一种仪器。用天然磁铁矿石琢成一个勺形的东西，放在一个光滑的盘上，盘上刻着方位，利用磁铁指南的作用，可以辨别方向，是现在所用指南针的始祖。

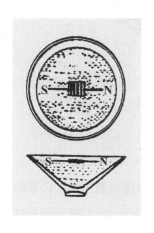

图3-13　水浮法指南针示意图，北宋时4种指南针之一

　　将一根磁化了的钢针，穿几段灯芯草，放入一个盛水的瓷碗中，利用草的浮力使针浮于水面，静止时磁针两端所指为南、北。由于它不怕轻微的摇晃，实用性强，首先在航海中得到广泛使用。

甲旋定法、碗唇旋定法和缕悬法，是世界上指南针设计方案的最早记录。这4种方法中的有些仍然为近代罗盘和地磁测量仪所采用。现在磁变仪、磁力仪的基本结构原理就是用缕悬法，航空和航海使用的罗盘多以水浮磁针作为基本装置。（图3-13）

　　关于指南针应用于航海的文献记载，北宋朱彧的《萍洲可谈》（1119年）中的"阴晦观指南针"的记载为最早。首次记载罗盘的欧洲文献是英国人奈坎姆（Alexander Neekam，1157—1217年）的《论自然的本质》（*The thing of the nature*，约1190年），其后有法国诗人吉奥特（Guyot de Provins，1150—）在其滑稽戏

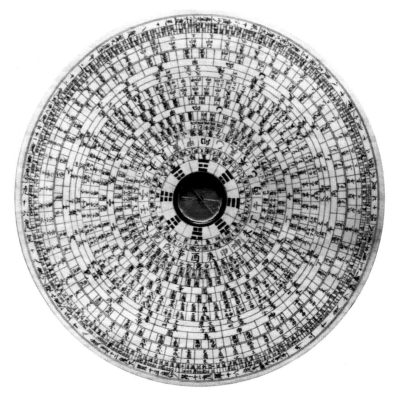

图3-14 罗盘

　　罗盘学名为罗经，分为水罗经与旱罗经。罗经又有铜制、木制之分。主要由位于盘中央的磁针和一系列同心圆圈组成，每个圆圈都代表着中国古人对于宇宙大系统中某一个层次信息的理解。

　　《圣经》（1205年）中描述水手们在罗马帝国皇帝腓特烈一世巴巴罗萨（Frederick I Barbarossa，1122—1190年）的神圣命令下使用罗盘夜间航海导航，再后是1218年法国神学家德维特利（Jacques de Vitry，1160—1240年）和1269年法国科学家皮里格里努斯（Petrus Peregrinus）的记载。磁罗盘西传的媒介尚不明朗，在中国曾公亮的《武经总要》和欧洲最早记载之间，尚没有中间地域史料记载证据，而且还有水罗盘和旱罗盘、指南和指北的区别。（图3-14）

▌ 蒸馏器——物质的分析

蒸馏器是利用蒸馏法分离物质的器具，多用于炼丹、制烧酒、蒸花露水等。它也是现代化学研究中非常有用的仪器，法国科学家拉瓦锡（Antoine-Laurent Lavoisier，1743—1794年）曾借助玻璃蒸馏器，在1768年得出著名的物质不灭定律。10世纪的阿拉伯哲学家阿伟森纳（Avicenna）曾对蒸馏器进行过详细的描述。南宋吴悞的《丹房须知》（1163年）介绍了多种类型的蒸馏器及其图形。英国生物化学家和科学史学家李约瑟，在其论文《中世纪早期中国炼丹家的实验设备》（1959年）中，对蒸馏器的发展进程做出可理解的推测。蒸馏源于带有盖子的蒸锅，由于盖子的不同而导致两个发展方向。凹向蒸锅空间的盖子导致接收冷凝液的环形槽的发明，凸向蒸锅空间盖子导致接收冷凝液的接收碗的发明，这就是蒸馏器头的两种原型。这两个发展方向都走上加侧管引出冷凝液的一步，并且最后"殊途同归"，位于蒸馏器头上的冷凝器被移置为侧管套。（图3-15）

公元前30世纪的美索不达米亚就有了原始的蒸馏器，公元前1世纪到公元前5世纪间兴起的炼丹术推进了蒸馏器的改进。炼丹术在欧洲和中国是同

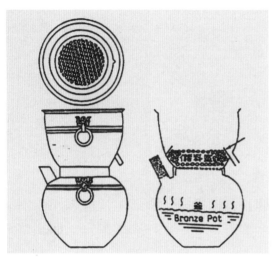

图3-15 东汉蒸馏器结构图

图3-16 东汉蒸馏器

　　其结构亦由上下两分体组成，上体底部带算，算上附近铸有一槽，槽底铸有一引流管，与外界相通。在蒸馏时，配以上盖，蒸气在器壁上凝结，沿壁流下，在槽中汇聚后顺引流管流至器外，因此可起到蒸馏作用。

步发展的，而在阿拉伯世界直到9世纪才正式开始。炼丹术中的蒸馏器主要源于抽砂炼汞的实践，从早期简单的低温氧化焙烧法发展到东汉时期的密闭抽汞法，加热丹砂分解出的水银蒸气在密闭容器的内壁上冷凝。这种抽汞设备加上冷凝和收集装置，就成为原始的蒸馏器。炼丹家们长期使用未济炉，所谓"火在上、水在下"，就是炉内置有冷凝器的简单蒸馏器。后来的发展是将冷凝器与加热炉分开，形成比较完善的蒸馏器。

　　中国最古老的蒸馏器是当代出土的两件汉代铜蒸馏器，一件1975年出土于安徽省天长县安乐乡，另一件2007年出土于陕西省西安市张家堡。安乐乡汉墓出土的铜蒸馏器由上下两体组成，上体底部带算，算上铸有收集冷凝液的槽，槽底有引流管与外界相通。这种结构表明它是发展接近成熟阶段的蒸馏器，蒸气在器壁上凝结后沿壁流入收集槽并顺引流管流至器外。张家堡汉墓出土的铜蒸馏器由筒形器、铜镂和豆形器盖组成，筒形器底部有一米格形算并且底边有一细的导流管，铜镂三蹄形足，豆形器盖上部呈盘形，直径与筒形器口径大小相同，柄部分为两段，相合处为卯榫结构，可在一定范围内自由活动。（图3-16）

▎ 种痘法——免疫的预防

"种痘"是预防天花的免疫措施，是免疫学得以诞生的机缘。天花是一种传染性极强的疫病，初期头面甚至全身遍布含有许多传染性淋巴液的豆状小脓包，后期脓包结疤为含有许多天花病毒微粒的痘痂。作为"天上的花"的天花之有关记载，最早是中国炼丹家葛洪在4世纪给出的："比岁有病流行，仍发头面及身，须臾周匝，状如火疮，皆戴白浆，随决随生，不即治，剧者多死。治得差后，疮斑紫黑，弥岁方灭。"（《肘后备急方》卷二）约200年后的6世纪初有陶弘景的进一步补充阐释，又400年后的11世纪初有巴格达医学家和炼丹家拉齐（al-Razi）给出详细描述并将其与麻疹和水痘区分开来。关于天花以及其他传染病之病因的理论，可大体区分为遗传因（胎毒或者基因）、气象因（天运或者天气）和环境因（戾气或者细菌）。"种痘"也叫"接种"，是一种人体主动免疫法，即在皮下注入痘苗或菌毒，也就是把痘苗移植到人体内。"天花脓包的痂称为苗，天花的发生称为花。"（赵学敏《本草纲目拾遗》）（图3-17）

英国医生真纳（Edward Jenner，1749—1823年）在1798年发现，接种

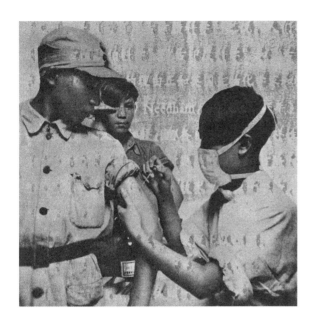

图3-17 20世纪40年代，新四军训练班学员为战士接种牛痘

过牛痘的人不仅不会再患牛痘，并且对天花也具有免疫力。遂接种牛痘成为控制天花的有效手段，牛痘疫苗的大量生产和广泛运用的结果是，在1987年全球消灭了给人类带来巨大灾难的天花，而中国则是在这之前16年的1971年消灭的。李约瑟等人的研究表明，种痘的实践源于10世纪的中国，经过500年的秘传于16世纪公开而大众化，18世纪20年代始传入欧洲，随后发展出造福全人类的免疫学。

根据清代朱纯嘏的著作《痘疹定论》（1713年）记载，宋仁宗时期丞相王旦（957—1017年）的长子死于天花，因恐其次子及其他人亦染此病，而遍请全国各地的名医和术士，以图得到某种治疗和预防天花的方法。终于在峨眉山的一位游医那里找到了种痘的方法，将一种毒性减弱了的人痘痘苗，接种在健康人的鼻腔黏膜上，就能获得对天花的免疫能力。这种神奇的接种人痘的方法一直处于师徒之间秘传的状态，直到16世纪才得见公开的记载。在明代万全的著作《痘疹世医新法》（1549年）中，有关于天花和麻疹两种疾病的论述，虽然没有具体种痘法说明，但提到接种预防天花的妇女有可能引起月经紊乱。在明末周晖的小说《金陵琐事》（1610

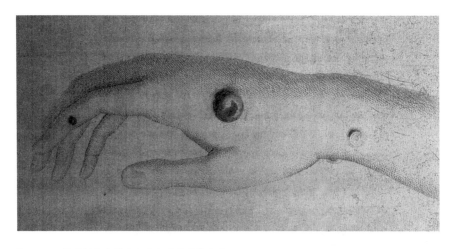

图3-18　英国奶牛农场少女患有牛痘小脓包的
手，雕刻

　　爱德华·真纳（1749—1823年，Edward
Jenner）从萨拉·内尔莫斯手上的脓包里提取制作
了天花疫苗。

年）中，也提到万历年间（1573—1620年）两个小孩接种的事。清代俞茂
鲲的著作《痘科金镜赋集解》（1727年）记载了许多种痘实践，从中我们
可以得知天花预防接种普及情况，产生于隆庆年间（1567—1572年），流
行于宁国府太平县（今安徽省）。

　　种痘法传入欧洲的重要推手是英国驻土耳其大使夫人蒙塔古大人
（Lady Mary Wortley Montagu，1689—1762年）。她将从当地行医的希腊
医生那里得到的两篇明确的论述种痘的文章，刊登在英国皇家学会的《哲
学学报》（*Phylosophical Transactions*）上。这为18世纪欧洲的预防接种奠
定了基础，先是在英国和美国，然后是法国、德国和欧洲的其他国。真纳
的种牛痘是在种人痘的实践过程中发现的，一位挤牛奶姑娘得了牛痘不再
得天花，结果是牛痘术取代了人痘术。（图3-18）（图3-19）

图3-19 《种牛痘》，绘画

　　1796年5月，爱德华·真纳使用牛痘刀将活的牛痘细胞植入患了天花的男孩詹姆斯·菲普斯体内。爱德华·真纳，英国内科专家，发明和普及了预防天花病的方法——接种疫苗法。

61

▍平均律——科学的艺术

"平均律"（Equal Temperaments）又称十二平均律，作为一种定音音律体系，它把一个八度内的乐音等分成十二个音程，第八个乐音的数值总是第一个音的两倍。虽然19世纪末始被广泛采用，1975年才为国际标准化组织颁布为"音乐定音之声学标准"，但其思想渊源却相当的久远。中国早在公元前11世纪的西周初年就有了十二律系统，欧洲在古希腊时期也有阿里斯托森（Aristoxenus）提出了十二平均律理论。最早的科学计算是中国音律学家、数学家和天文学家朱载堉在其《律学新说》中给出的，半个世纪后又有欧洲

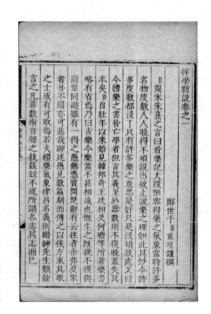

图3-20 《律学新说》书影，明万历十二年（1584年）成书，朱载堉著

本书是朱载堉律学理论中的核心内容，也是明代音乐科学上的一大成就。

数学家和音乐理论家梅森（Marin Mersenne，1588—1648年）独立的重新发明，而其被广泛应用则在工业革命时期。（图3-20）

　　中国古代的音律系统是五音、十二律及其旋宫转调。五音为宫、商、角、徵、羽，十二律名为黄钟、大吕、太簇、夹钟、姑洗、仲吕、蕤宾、林钟、夷则、南吕、无射、应钟。旋宫根源于五音与十二律的结合，即以五音为基音产生五种调式，每一调式的基音与十二律之一相合。五音和十二律的生成

图3-21 五音孔埙（北京天坛神乐署）

　　古代用陶土烧制的一种吹奏乐器，圆形或椭圆形，亦称"陶埙"。以陶制最为普遍，也有石制和骨制等。

法都长期采用三分损益法，律管或弦长三等分谓之"三分"，加三分之一谓之"益"，减三分之一谓之"去"或"损"。十二律始见于《国语·周语》，三分损益法始见于《管子·地员》，旋宫始见于《周官》。《吕氏春秋·音律》《淮南子·天文训》和《汉书·律历志》都是以自黄钟九寸为起点生律。（图3-21）（图3-22）

63

图3-22 竽，长沙马王堆汉墓1号墓出土（湖南省博物馆马王堆汉墓陈列1号展厅）

　　我国古代的一种管乐器。此图为冥器，通长78厘米、竽斗径10厘米、竽嘴长28厘米。

　　十二律的三分损益法生律的一个缺陷是，不能回到其出发点的"黄钟"律，只能得到误差在10%以上的近似等比律。为克服旋宫困难而提出的各种调律法，比如何承天（370—447年）的均差法、刘焯（544—610年）的等差法、王朴（907—960年）的等比法，都只能得到误差较大的近似的等比律。朱载堉放弃了传统的黄钟九寸、三分损益、隔八相生，采用黄钟10寸而用勾股之术和开方之法，数学地解决了平均律问题。他从黄钟倍律2出发，以2的12次方根连续除之，按十进制法计算律长到25位小数。自黄钟起各律在2位小数精度内，依次为：2.00、1.89、1.78、1.68、1.59、1.50、1.41、1.33、1.26、1.19、1.12、1.06。这是一个等比数列，比例为1.06，朱载堉称其为"密律"。对于这个音乐史上最早用等比级数平均划分音律的定音系统，19世纪的德国物理学家亥姆霍兹（Hermannvon Helmholtz，1821—1894年）给予了高度评价。（图3-23）

十二平均律问世后数百年未被音乐家普遍采用，主要原因是手工制造乐器难以达到十二平均律的要求。定音涉及弦长和管长的操作问题，因为2的开方的结果是无理数，实际上达不到完美的"平均"，不能做出完全相同的同一种管乐器或弦乐器。十二平均律在19世纪末登上音乐历史的舞台，几十年内就普及世界各个角落。这有两方面的原因，其一是现代工业的精细加工技术使生产满足平均律要求的乐器成为可能，其二是音乐活动平民化对低价乐器需求的增长。在工业化的乐器生产中，十二平均律成为乐器工业的首选。

12	11	10	9	8	7	6	5	4	3	2	1	
应钟	无射	南吕	夷则	林钟	蕤宾	仲吕	姑洗	夹钟	太簇	大吕	黄钟	十二律
亥	戌	酉	申	未	午	巳	辰	卯	寅	丑	子	十二支
双宫		羽		徵	双徵		角		商		宫	五音七声
B	A#	A	G#	G	F#	F	E	D#	D	C#	C	西洋音乐十二律名

图3-23 十二律与中西音名对照表

格致
经世

中国科技

4

工程实践
——世界之遗产

▌都江堰——生态工程

都江堰为兼备灌溉和溢洪之功的水利工程，位于长江上游的支流岷江之上，由秦国蜀郡太守李冰主持始建于秦襄王五十一年（前256年）。是由鱼嘴分水堤、飞沙堰溢洪道和宝瓶口进水口三大部分构成的渠首工程。鱼嘴分水堤将岷江水分为内江和外江，内江水经宝瓶口进入灌溉渠，飞沙堰以其溢洪调节功能保障内江免遭洪灾。这三位一体的结构既能满足成都平原的灌溉需要又能防止洪灾危害。都江堰初名"湔堋"，三国蜀汉时期称"都安堰"，唐代改称"楗尾堰"，宋代始称都江堰。经历代维护沿用2200多年，当今灌溉面积达40个县的千万亩农田。（图4-1）

岷江是长江上游的一大支流，流经多雨

图4-1 李冰，战国时期的水利家

　　李冰学识渊博，"知天文地理"。他决定修建都江堰以根除岷江水患。

图4-2 都江堰，建于公元前256年，李冰主持修建

的四川盆地西部。它发源于四川与甘肃交界的岷山南麓，有出自弓杠岭的东源和出自郎架岭的西源，汇合于松潘境内漳腊的无坝，经松潘县、都江堰市、乐山市，在宜宾市入长江。都江堰以上为上游，都江堰至乐山为中游，乐山以下为下游。岷江有大小支流约90多条，大的支流都源自山势险峻的右岸。作为水利枢纽的都江堰，主要控制预计来自上游的湍急之水势，以保障中游成都平原的灌溉之利。

鱼嘴分水堤筑于距玉垒山不远的岷江江心，一个形如鱼嘴的狭长的小岛。岷江之水经鱼嘴一分为二，循源流者称外江，经宝瓶口入灌渠者称内

江。宝瓶口乃一穿玉垒山的人工隧道，宽20米、高40米、长80米，因酷似瓶口而得名。经宝瓶口的水流，低水位流速为3米每秒，高水位流速为6米每秒。飞沙堰为调节岷江水量、分洪减灾而设，由装满卵石的竹笼堆积而成，在鱼嘴分水堤的尾部靠近宝瓶口处。当内江的水位高过堰顶时，就会漫过堰顶而流入外江，并且流涡的离心力能将泥沙甚至巨石抛入外江。3个人像石柱置于水中指示水位，"枯水不淹足，洪水不过肩"。置于江心的石马作为每年最小水量时淘滩的标准。（图4-2）（图4-3）（图4-4）

　　都江堰科学地利用当地西北高、东南低的地理条件，根据江河出山口处特殊的地形无坝引水、自流灌溉，使堤防、分水、泄洪、排沙、控流相

图4-3 都江堰"鱼嘴"近
景

图4-4 都江堰"宝瓶口"
近景

互依存、共为体系，充分发挥了防洪、灌溉、水运的综合效益。作为区域水利网络化典范的都江堰，不仅灵渠、它山堰、渔梁坝、戴村坝等后建的一批历史性工程都有其印记，而且成为全世界迄今为止仅存的一项伟大的"生态工程"。意大利旅行家马可·波罗曾光临过都江堰，在其著作

《马可·波罗游记》（1298年）中记载有："都江水系，川流甚急，川中多鱼，船舶往来甚众，运载商货，往来上下游。"德国地理学家李希霍芬（Ferdinand von Richthofen，1833—1905年）考察过都江堰，在《李希霍芬男爵书简》（1872年）中设专章介绍，盛赞它"无与伦比"。

▍ 万里长城——北疆防线

　　作为古代防御工程典型的"万里长城"，延续不断修筑了2000多年，分布在中国北部和中部。其修筑的历史可上溯到公元前9世纪，为防御北方游牧民族的袭击，周王朝开始修筑连续排列的"列城"。在春秋战国时期，自楚国在自己的边境上修筑起长城之后，齐、韩、魏、赵、燕、秦、中山等诸侯国也相继在自己的边境上修筑了长城。秦始皇并六国建立了中央集权的国家，为防御北方匈奴等游牧民族的侵扰，在原来燕、赵、秦部分北方长城的基础上，经增筑扩修而成万里长城，"西起临洮，东止辽东，蜿蜒一万余里"。其后中国的历代王朝，汉、晋、北魏、东魏、西魏、北齐、北周、隋、唐、宋、辽、金、元、明等，都规模不等地修筑过长城，以汉、金、明三朝的长城规模最大，长达5000—10000千米。（图4-5）

　　作为一个完整防御体系的万里长城，除主体城墙外还有敌楼、关城、墩堡、营城、卫所、镇城和烽火台等，由各级军事指挥系统分段防守。以明长城为例，在长城防线上分设了辽东、蓟、宣府、大同、山西、榆林、

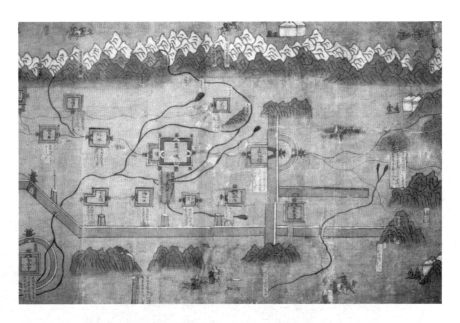

图4-5 《长城图》（局部），绢底彩绘（现由
梵蒂冈人类学博物馆的东亚特藏部收藏）

　　图为手绘彩色绢底横卷，着色之法乃"黄
为川（黄河），红为路，青为山"，为明以来
习用方法。

宁夏、固原、甘肃等9个辖区，被称作"九边重镇"。从鸭绿江到嘉峪关全
长7000多千米的长城上，每镇都设总兵官负责辖区防务，并负有支援相邻
军区防务的任务。明代长城沿线陈兵百万，总兵官驻守镇城内，而其余各
级官员则分驻于卫所、营城、关城和城墙上的敌楼与墩堡之内。

　　长城城墙，一般平均高七八米，底部厚六七米，墙顶宽四五米。城墙
顶内侧设高1米余的宇墙以防巡逻士兵的不慎跌落，外侧设高约2米的垛口
墙（上部有望口，下部有射洞和礌石孔）以窥测敌情及射击和滚放礌石。
重要的城墙顶上还建有层层障墙，以抵抗万一登上城墙的敌人。明代抗倭
名将戚继光任蓟镇总兵官时，对长城防御工事作了重大改进，在城墙顶上

图4-6 八达岭长城，北京

　　八达岭长城是中国古代伟大的防御工程万里长城的一部分，史
称天下九塞之一，是万里长城的精华，在明长城中，独具代表性。
该段长城地势险峻，居高临下，是明代重要的军事关隘和首都北京
的重要屏障。

设置了敌楼或敌台，以供巡逻士兵住宿和储存武器粮秣，极大地增强了长
城的防御功能。（图4-6）（图4-7）

　　关城是万里长城防线上最为集中的防御据点，明长城设大小关城近千
处，著名的如山海关、黄崖关、居庸关、紫荆关、倒马关、平型关、雁门

图4–7 箭扣长城，北京

　　箭扣长城因整段长城蜿蜒呈"W"状，形如满弓扣箭而得名。
箭扣长城是明代万里长城最著名的险段之一。

关、偏关、嘉峪关以及汉代的阳关、玉门关等。烽火台布局在高山险阻之
处，作为长城防御工程重要的组成部分之一，它的作用是迅速传递军情。
传递的方法是白天燃烟而夜间举火，以燃烟举火数目的多少表示来犯敌人
的多寡。明代又在燃烟举火之外加以放炮，以增强报警的效果，峰回路转

图4-8 山海关东门镇远楼，河北秦皇岛

　　山海关，又称"榆关"，在1990年以前被认为是明长城的东端起点，素有"天下第一关"之称。与万里之外的"天下第一雄关"——嘉峪关遥相呼应，闻名天下。1990年，辽宁省丹东市的虎山长城被发掘出来后，考古界认为虎山长城才应该是明长城的东端起点。

的险要之处的烽火台能三台相望。烽火台除有传递军情的功能外，还为来往使节提供食宿、供应马匹粮秣等服务。（图4-8）

▍京杭大运河——经济命脉

大规模的水利工程是农业文明时代专
制帝国的标志性特征。大禹治水以来的几
千年的历史中，治理水患和兴修水利始终
是历代统治者所关注的重点之一。在中国
水利工程史上的诸多成就中，既有治理水
患的"筑堤束水，借水攻沙"的经验，也
有"营建灌渠"的传统。在开凿人工水道
方面，修筑了许多灌渠和运河，如李冰父
子修筑的都江堰，伍子胥领导修筑的长三
角运河网，史禄开凿的灵渠，但最著名的
当属世界最长的人工河京杭大运河。（图4-9）

京杭大运河由人工河道和部分河流、
湖泊共同组成，北起北京，南达杭州，流
经北京、河北、天津、山东、江苏、浙江6

图4-9 大运河地图

大运河又名京杭大运河，始
凿于春秋战国，历隋、元两朝而
全线贯成。

图4-10 京杭大运河通州段，插画（荷兰约翰·尼霍夫/绘）

约1656年，北京，荷兰使团坐船通过京杭大运河通州段。

个省市，沟通了海河、黄河、淮河、长江、钱塘江五大水系，全长1794公里。从公元前486年始凿，至1293年全线通航，其历时长达1779年之久。它作为南北交通大动脉，促进了沿岸城市的迅速发展，历史上曾起过"半天下之财赋，悉由此路而进"的巨大作用。它作为世界最长的人工河道而举世闻名。在中华民族的发展史上，为发展南北交通，沟通南北之间经济、文化等方面的联系做出了巨大的贡献。 是沟通长江和珠江，中原和岭南的最著名的大运河。（图4-10）

　　京杭大运河的开发史上有3次兴建高潮期，即公元前5世纪吴王夫差、7世纪初隋炀帝和13世纪元朝。春秋末年，统治长江下游的吴王夫差，为争夺中原霸主地位北上伐齐，而调集民夫开挖运河。自今扬州向东北，经射阳湖在淮安入淮河，把长江水引入淮河，全长170千米。因途经邗城称"邗沟"，成为大运河最早修建的一段（即今之里运河）。 统一了中国并定都洛阳的隋朝，为了控制全国特别是江南地区，三次下令开挖沟通南北的运

图4-11 大运河运输景象

河。第一次于603年开挖长约1000千米的永济渠，打通了从河南洛阳经山东临清到河北涿郡的水道。第二次于605年开挖长约1000千米的通洛渠，沟通了从河南洛阳到江苏清江（淮阴）的水路。第三次于610年开挖长约400千米的江南运河，连通了江苏镇江和浙江杭州。定都北京的元朝，为了不绕道洛阳而连通南北，费时10年改造京杭大运河。在河北天津和江苏清江之间开挖"洛州河"和"会通河"，在北京和天津之间开挖通惠河，这样就把从北京至杭州的水路缩短了900多千米。（图4-11）

京杭大运河全程可分为7段：通惠河、北运河、南运河、鲁运河、中运河、里运河和江南运河。通惠河由北京市区至通县（今通州区），连接

图4-12 大运河两岸风光

温榆河、昆明湖、白河，并加以疏通而成。北运河由通县至天津市，利用潮白河的下游挖成。南运河由天津至临清，利用卫河的下游挖成。鲁运河由临清至台儿庄，利用汶水、泗水的水源，沿途经东平湖、南阳湖、昭阳湖、微山湖等天然湖泊。中运河由台儿庄至清江。里运河由清江至扬州，入长江。江南运河由镇江至杭州。（图4-12）

▌ 水运仪象台——文化节奏

1601年意大利传教士利玛窦（Matteo Ricci，1552—1610年）送给明代万历皇帝两架自鸣钟。自鸣钟是一种能按时自击，以报告时刻的机械钟。利玛窦为了符合中国的计时习惯，把欧洲的24小时改为12时辰，把阿拉伯数字改为中国数字，还把一昼夜分成一百刻。明谢肇淛的《五杂俎·天部二》有"西僧利玛窦有自鸣钟"的记载，清赵翼在其《檐曝杂记·钟表》中说，"自鸣钟、时辰表，皆来自西洋"。这种令中国人仰慕不已的自鸣钟，在13世纪才出现在意大利和英国，而且其先驱竟然是中国的天文钟。唐代的"水运浑天仪"和宋代的"水运仪象台"中的机械控制部分就是欧洲机械钟的先驱。

浑仪是用于天文观测的仪器，浑象是用于演示天体运行的装置，"水运"指的是以水力为动力。唐开元十三年（725年），可与画圣吴道子媲美的梁令瓒，在天文学家僧一行（683—727年）指导下设计制造了水运浑天仪。浑天仪由水力驱动的齿轮系统带动两个小木人，每过一刻击鼓一次，每过一时辰就撞钟一次。现代机械学家刘仙洲曾将其作为太阳系及浑象模型给出一张复原图。水运仪象台是水运浑天仪的发展和改进，它是韩公

81

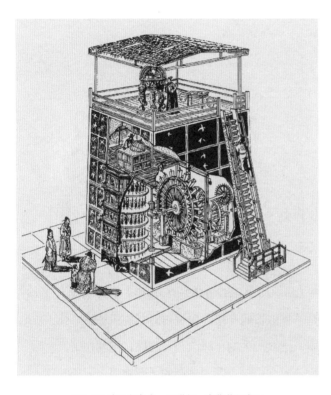

图4-13 水运仪象台，11世纪，宋代苏颂发明

　　水运仪象台是集观测星空的浑仪、做人造星空表演的浑象、计量时间的漏刻和报告时刻的机械装置于一体的综合性观测仪器，可谓一座小型的天文台。

廉在苏颂的指导下设计制造的，建成于北宋元祐三年（1088年）。（图4-13）（图4-14）

　　仪象台是一个约11米高的三层楼阁，顶层安装一观测用的机械化的青铜浑仪，中间层安装一演示用的机械化的青铜浑象球，底层是一个用于报时的能打鼓、敲钟和示牌的机械系统。这台水运仪象台运转了38年，"靖康之耻"（1127年）时被金兵掠往北京，重新组装不成而终致废毁。英国科学家坎布里奇（John H.Combridge）所做的复原装置表明，这种机械钟的误差为每小时20秒。

　　水运仪象台机械系统的核心装置是作为机械钟运动控制装置的擒纵器。一般钟表的指针和带动它的齿轮系统是由发条或重锤提供能量的，而其每步动作则是由摆来控制的，摆带着擒纵器每做一次往复就让发条推动齿轮一步，放一步马上又卡住而等待摆的下一次往复。机械钟表的核心部件就是摆和擒纵器，摆以其准确的周期性分割时间单位，擒纵器受物理周

82

期控制去开启计数系统。我们说水运浑天仪和水运仪象台是机械钟的先驱，是因为它们最早发明并使用了机械钟的核心部件擒纵器。

水运浑天仪是历史上第一个用擒纵器的机械钟。它分割时间的办法不是用摆，而是用北魏道士李兰发明的称漏。称漏和水轮组合成一个控制系统，其中称漏的"称"可称之为"梁氏擒纵器"。水运仪象台改进了梁氏擒纵器，在梁氏称上加一"天衡关锁"，以克服承重约18千克的秤杆头与容水约6千克斗轮接触的严重刮磨。这个"韩氏擒纵器"控制枢轮，成为一个真正的时间测量装置。苏颂的《新仪象法要》（1092年）详细地描述了水运仪象台的构造。对于这台毁于金人之手的机械钟装置，当代科学史研究者提出多种复制方案，何种方案会获得成功还难以判断。

图4-14 苏颂（1020—1101年），字子容，泉州同安县(今福建厦门)人

北宋天文学家、药物学家，北宋元丰七年（1084年）出任宰相。创造了水运仪象台，著有《新仪象法要》。苏颂在药物学方面，曾组织增补《开宝本草》（1057年），著有《图经本草》（1062年），对药物学考订有很大帮助。

83

▍周公测景台——窥测天机

中国古代用以测量日影的天文仪器——砖石结构的圭表系统，位于今河南省登封县告成镇，相传为周公创建而被后世称之为"周公测景台"。圭表系统由垂直立于地面的"表"杆和南北向平卧于地面的"圭"组成，通过观察分析表杆在圭上投影的长短确定寒暑季节，以制定指导农业生产的历法。测景台所在地原名阳城，武则天为庆祝其嵩山登封大典成功而改名告成。自周公以来的3000年里，测景台几经改造重建而非原貌，唐玄宗开元十一年（723年）太史监南宫说仿周公土圭旧制换以石圭、石表，今天人们所能看到的登封测景台乃为元代天文学家郭守敬（1231—1316年）1276年改建的形貌。（图4-15）

在《周髀算经》这部数理天文学著作中，给出八尺表高所对应的不同季节之影长。冬至丈三尺五寸，小寒丈二尺五寸（小分三），大寒丈一尺五寸一分（小分四），立春丈五寸二分（小分三），雨水九尺五寸三分（小分二），惊蛰八尺五寸四分（小分一），春分七尺五寸五分，清明六尺五寸五分（小分五），谷雨五尺五寸六分（小分四），立夏四尺五寸七

图4-15 周公测景台中的圭表石柱，河南登封元代观星台遗址

　　我国古代测日影所用的仪器是"圭表"，而最早装置圭表的观测台是西周初年在阳城建立的周公测景（影）台，因周公营建洛邑选址时，曾在此建台观测日影而得名。

分（小分三），小满三尺五寸八分（小分二），芒种二尺五寸九分（小分一），夏至一尺六寸，小暑二尺五寸九分（小分一），大暑三尺五寸八分（小分二），立秋四尺五寸七分（小分三），处暑五尺五寸六分（小分四），白露六尺五寸五分（小分五），秋分七尺五寸五分，寒露八尺五寸四分（小分一），霜降九尺五寸三分（小分二），立冬丈五寸二分（小分三），小雪丈一尺五寸一分（小分四），大雪丈二尺五寸一分（小分五）。

　　郭守敬对圭表系统的4项改进，将测影工程推向最高峰。一是他把表高增加到5倍，12米高表的大尺度投影大大减少了观测误差。二是他发明的"景符"能使表影边缘清晰，因而提高了影长测量的准确度。三是他发明了"窥几"，得以在星光和月光下观测表影。四是他改进测量表影长度的技术，使测量精度提高一个量级，从原来的直读"分"位提高到直读"厘"位，因而估计也从"厘"位提高到"毫"位。

图4-16 郭守敬（1231—1316年），字若思，顺德邢台（今属河北）人

元代天文学家、数学家、水利专家和仪器制造专家。郭守敬曾担任都水监，负责修治元大都至通州的运河。1276年郭守敬修订新历法，经4年时间制订出《授时历》，通行360多年，是当时世界上最先进的一种历法。

遗存至今的登封测景台，除高台顶部浑仪室和漏壶室，其中主要部分是郭守敬的圭表。这圭表与大都（今北京）的圭表略有不同，它就地利用高台的一边为表，台下用36块巨石铺成一条长10余丈的圭面。现在还保存有13世纪用这个仪表观测的数据，它们在当时都是被用于制定新历法的很可信的数据。（图4-16）

▎郑和下西洋——海外交好

早在公元前70世纪两河流域的苏美尔人就有了船只，并且在河口的埃里杜城已经有船出海了。最早的海上探险者是生活在地中海沿岸的迦太基人，大约在公元前520年，一位名叫汉诺的人沿着非洲海岸航行，从直布罗陀海峡远到利比里亚边境。埃及第二十六王朝尼克法老也曾派出几名腓尼基人试行绕非洲一周，他们从苏伊士湾出发南行，历经3年由地中海回到了尼罗河三角洲。15世纪人类进入大航海时代，先有1405年开始的中国郑和（1371—1433年）率领规模庞大的船队沿印度洋海岸7次下西洋，后有1492年意大利热那亚航海家哥伦布（Christopher Columbus，1451—1506年）在西班牙国王费迪南资助下开辟新航线的4次横渡大西洋，1497年葡萄牙航海家达·伽马（Vasco Da Gama，1460—1524年）在一名阿拉伯水手的帮助下绕非洲南端的好望角连通大西洋和印度洋航线的航行，以及1519年开始的葡萄牙航海家麦哲伦（Ferdinand Magellan，1480—1521年）的最富科学意义的环球航行。（图4-17）（图4-18）

明永乐三年（1405年）到明宣德八年（1433年），郑和奉命7次出使

(上) 图4-17 郑和 (1371—1433年), 原名马和, 小名三宝, 生于云南昆明

人类历史上最杰出的航海家。永乐三年 (1405年) 率领庞大船队首次出使西洋。自1405到1433年, 漫长的28年间, 郑和船队历经亚非30余国, 与各国建立了政治、经济、文化的联系, 完成了七下西洋的伟大历史壮举。

西洋 (1405—1407年, 1407—1409年, 1409—1411年, 1413—1415年, 1417—1419年, 1421—1422年, 1430—1433年), 耗银数十万两、伤亡逾万人。船队经东南亚抵印度, 又远达波斯湾、阿拉伯半岛及非洲东海岸。28年间访问了30多个国家和地区。每次都从太仓刘家港整队出发, 每次出动船舰一两百艘和随员两三万人。最大的"宝船"长约150米, 舵杆约

(下) 图4-18 郑和宝船, 绘画

据《明史·郑和传》记载, 郑和航海宝船共62艘, 最大的长约150米, 宽约60米, 是当时世界上最大的木帆船。郑和宝船具有乘坐功能的同时, 也装运进贡给皇帝的宝物, 还有郑和船队在海外通过贸易交换得来的物品。

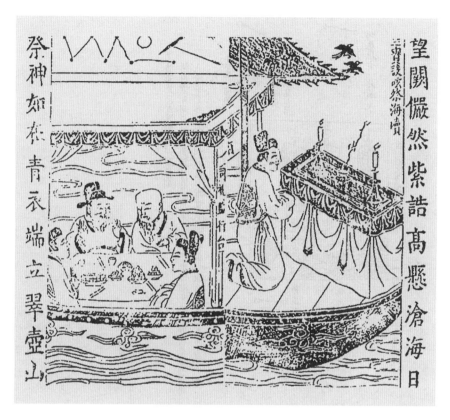

图4-19 《郑和出海》，出自明刊本《三宝太监西洋记通俗演义》

11米，张12帆，可容纳千余人。船队随员包括官校、舵工、水手、班碇手、书算手、通事、办事、医士和工匠等。郑和下西洋的壮举展示了明代中国的技术水平和经济实力。

虽然明代茅元仪所辑《武备志》中已载有《自宝船厂开船从龙江关出水直抵外国著番图》（后人称《郑和航海图》），并有故事《三宝太监西洋记通俗演义》和杂剧《奉天命三保下西洋》，但近代人对郑和航海的关注始于1885年英国学者菲利普（George Philips）的论文《印度和锡兰的海

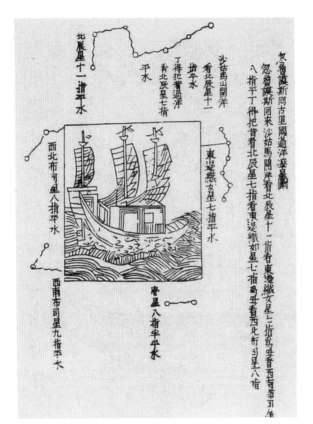

图4-20 《过洋牵星图》之
一，出自明代茅元仪的《武
备志》

　　牵星图中，绘三桅三帆
海船一艘，四周注明船队航
海时，舟师所使用诸星象之
位置。右上角标明"忽鲁谟
斯回古里国过洋牵星图"，
指郑和船队行驶由波斯湾忽
鲁谟斯回印度古里国之航
线。

港》，其中复制了记录郑和下西洋所取航道及有关国名和地名的《郑和航
海图》并考证了其中100多个地名。由于郑和下西洋的档案《郑和出使水
程》失踪，造成对这一历史事件研究的困难。有关这项巨大工程的动因众
说纷纭，有搜剿废帝建文帝、扩大海外贸易以解决财政困难、牵制帖木儿
帝国东进的外交活动，巡游南洋和海外交往等。对于郑和航海所达范围，
除东南亚沿海部分外，到达大西洋和发现美洲之说都尚无明确的佐证。（图

4-19）（图4-20）（图4-21）

图4-21 今日刘家港

格致
经世

中国科技

5

产业开发
——中华之名片

▌ 青铜——后来居上

金属的冶炼、加工和使用是农业文明最具标志性的技术革命，不仅在提高农业生产力方面起了关键的作用，也为农业文明向工业文明过渡准备了条件。首先发现和利用的金属是天然的铜、金和陨铁等，很久以后才找到从矿石冶炼金属的方法。约公元前50世纪就发现并开始利用天然铜，约公元前42世纪发现并开始利用金和陨铁，约公元前38世纪发现天然银并开始冶炼铜，公元前35世纪开始冶炼银、铅和合金青铜。

青铜是红铜与锡的合金，因为颜色青灰而名青铜。青铜较纯铜（红铜）具有更良好的冶铸性能，因为青铜的熔点（700—900℃之间）比红铜的熔点（1083℃）低，而硬度一般为铜或锡的2倍多，含锡10%的青铜的硬度为红铜的4.7倍。坚硬的青铜以其广泛的适应性逐渐取代石器、木器、骨器和红铜器，遂有作为生产力和科学技术水平标志的"青铜时代"（Bronze Age），并且形成若干与奴隶制社会相联系的文明中心。世界大部分地区在公元前的30个世纪里先后进入青铜时代，首先是中亚的伊朗南部、土耳其和美索不达米亚一带，然后是欧洲、印度和埃及，中国的青铜

93

图5-1 后母戊鼎

后母戊鼎以其巨大而闻名遐迩。它高133厘米，重832.84千克，形体宏伟，外观庄严。体现了中国古代青铜铸造技术的高超水平。

图5-2 曾侯乙编钟，战国早期，湖北随州曾侯乙墓出土（湖北省博物馆展）

曾侯乙编钟是我国迄今发现数量最多、保存最好、音律最全、气势最宏伟的一套编钟。编钟是一种打击乐器，用于祭祀或宴饮。

时代大体对应夏、商、周三代（前21—前3世纪）。

中国的青铜冶铸业后来居上，在殷周之际进入其顶峰时期。中心在陕西、河南、山东、山西等中原地区，广布中华大地的东、西、南、北四方。湖北大冶铜绿山古铜矿遗址，范围2平方千米（南北长2千米，东西宽1

图5-3 青铜马车，陕西西安，秦始皇陵陪葬坑出土

　　铜马车有两辆，其大小是按实物1：2制作。两车各驾有
4匹骏马，车上各有一名驭手，造型十分逼真传神。整件文
物共有零件3462件，反映当时秦代冶炼与机械制造技术已经
达到很高水平，被誉为"青铜之冠"。

千米），展示了殷商以来中国冶铜业的发展。中国青铜业长于铸造，以泥
范、铁范和熔模三大铸造工艺而著称。中国青铜器分礼、乐、兵、车四大
类，以后母戊鼎、曾侯乙编钟、秦始皇陪葬的铜马车为代表。（图5-1）（图5-2）

（图5-3）

图5-4 毛公鼎，西周，清道光末年在陕西省岐山县出土（台北"故宫博物院"藏）

　　毛公鼎由做器人毛公得名。直耳，半球腹，矮短的兽蹄形足，口沿饰环带状的重环纹。铭文32行497字。

　　中国青铜器以其三大特点显示其特殊的价值，以礼器为宗的思想、铸刻铭文的历史学价值和合范工艺的艺术价值。青铜礼器是奴隶制的一种"物化"，以其多寡和组合形式来显示地位、身份。商代盛行以觚、爵配对组合，西周则盛行鼎、簋组合，有所谓"列鼎"制度，天子九鼎八簋，诸侯七鼎六簋，卿大夫五鼎四簋，士三鼎二簋。铭文即通常人们所说的金文，始于商代中期而发达于西周时期。汉代以来出土有铭文的青铜器多达万件以上，从一两个字的"族徽"到497字的"毛公鼎"。毛公鼎，作为重要的上古历史文献无可替代。中国青铜器的铸造工艺特殊传统在于大量使用合范，因其一范只做一件的工艺特点，每件都是独一无二的唯一存在，其艺术观赏价值因此升高。西周的何尊、墙盘、利簋、大克鼎，春秋时期的莲鹤方壶，战国时期的宴乐狩猎水陆攻战纹壶等，都属艺林中的珍品。（图5-4）

▎铸铁——独领风骚

　　铁是地壳的重要组成元素，地球上的铁矿分布极广。但天然的纯铁几乎不存在，加之铁矿石的熔点高且不易还原，所以铁的利用较铜、锡、铅、金等晚。人类最早发现和使用的铁是从天而降的陨石，它是含铁量较高的铁与镍和钴等金属的混合物，西亚苏美尔人的古墓中就保存有陨铁制成的小斧。这种"天石"毕竟极少见，陨铁器具很珍贵也很神秘。只有通过矿石冶炼得到铁才有广泛利用的可能，经过千余年的长期努力，古人终于在冶铜的基础上掌握了冶铁技术。居住在阿美尼亚山地的基兹温达部和居住在小亚细亚的赫梯人最早掌握了冶炼技术，约公元前13世纪两河流域北部的亚述人首先进入铁器时代，在公元前10世纪，铁的使用扩大到地中海沿岸地区，到公元前5世纪欧亚大陆的东西两端也普遍使用铁器。（图5-5）

　　铁的性能在很大程度上取决于其碳含量，碳含量极少的熟铁（炼铁）性能柔而韧，碳含量在1.5%—5%的生铁（铸铁）性能硬而脆，碳含量介于两者之间（0.5%—1.5%）的钢性能坚而韧。冶铁技术经历了从炼铁到铸铁的发展过程，并且熟铁硬化（钢化）和生铁软化（钢化）技术起过重大的推

（上）图5-5 《天工开物》——冶铁

　　冶铁术传入中原后，在已经十分发达的青铜冶炼技术的基础上，很快掌握了冶铸生铁的技术，这项工艺早西方1000多年，从此中国的冶铁术开始领先西方。

（下）图5-6 汉代冶铁壁画，河南郑州

　　图中表现了冶铁过程中的制范、鼓风、出铁。

动作用。熟铁硬化技术是公元前14世纪查里贝斯人的贡献，生铁软化技术是公元前5世纪中国人的贡献。高碳低硅的白口铁，通过脱碳热处理和石墨化热处理，分别获得脱碳不完全的白心韧性铸铁和黑心韧性铸铁。〔图5-6〕

战国中期冶铁业就已经成为手工业的重要部门，出现齐国临淄等冶铸中心以及赵人卓氏和齐人程郑等铁业巨商，铸铁器逐步取代铜、木、石、蚌器，成为主要的生产工具，《左传》记载晋国铸成重达270千克的刑鼎（前513年）。汉代初年位于今巩县的一冶铁遗址，共有17座有炼炉的冶铁作坊，包括低温炒炼炉、精炼炉、熔炼炉、反射炉、圆形或方形的鼓风炉，其技术水平可见一斑。汉武帝实行铁业官营时（119年），主管冶铸作坊的49处铁官分布于今陕西、河南、山西、山东、江苏、湖南、四川、河北、辽宁、甘肃等地。大的冶炼或铸造作坊面积达数万或数十万平方米，两三米高的化铁炉十数个，炉膛容积达四五十立方米，使用人力、畜力和水力鼓风。隋唐以后大型铸件的生产越来越多，如著名五代沧州大铁狮（953年）和北宋当阳铁塔（1061年）。〔图5-7〕〔图5-8〕

中国从炼铁（前6世纪）到铸铁（前5世纪）的过渡仅用了一个世纪，而欧洲迟至15世纪才掌握了铸铁技术，中国的铸铁独领风骚2000年。真正的铁器时代是从铸铁诞生后开始的，铸铁是社会生产力提高和社会进步的主要标志。汉代的中国已成为世界冶铁的主角，唐代元和初每年采铁207万斤，宋代皇祐年间官府每年得铁724万斤，元代至元十三年（1276年）课铁1600万斤。

（左）图5-7　沧州大铁狮，河北

又称"镇海吼"，采用泥范明浇法铸造而成，身上刻有铭文。

（右）图5-8　当阳铁塔，建于北宋嘉祐六年（1061年），湖北省当阳县玉泉山玉泉寺

原名"如来舍利宝塔"，又称"千佛塔"。塔身全为生铁铸造，高约17.9米，共13层，是中国现存最高、最重、最大的铁塔。

▌ 丝绸——以身名国

中国是世界上最早养蚕织绸的国家。汉代以降，大宗的丝织品沿着张骞（？—前114年）两次出使西域（前138年和前119年）所开辟的道路，远销到以罗马为中心的地中海沿岸。由于中国因丝绸而被罗马人称为"丝国"（Seres），德国地理学家李希霍芬（Ferdinand von Richthofen，1833—1905年）在其著作《中国游记》（*China, Ergebnisse eigener Reisen*，1877—1912年)中所使用的"丝绸之路"（德语die Seidenstrasse）亦被广为接受。（图

5-9）（图5-10）

图5-9　唐代初期壁画：出使的马队，甘肃敦煌莫高窟（千佛洞）323窟

描绘张骞出使西域时与汉武帝辞别启程的场景。

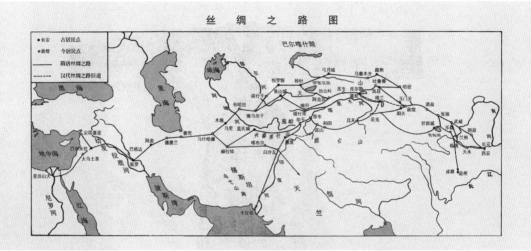

图5-10 丝绸之路

　　丝绸之路，简称丝路，是指西汉时，由张骞出使西域开辟的以长安（今西安）为起点，经甘肃、新疆，到中亚、西亚，并联结地中海各国的陆上通道。因为由这条路西运的货物中以丝绸制品的影响最大，故得此名。其基本走向定于两汉时期，包括南道、中道、北道三条路线。

　　早在公元前30世纪黄河流域和长江流域都已出现了丝绸的织作，至迟在公元前10世纪华北地区已普遍养蚕。商、周时期蚕丝的织染技术提高，有生织、熟织、素织、色织和提花技术，能染出黄、红、紫、蓝、绿、黑等色，丝织品种类包括缯、帛、素、练、纨、缟、纱、绢、縠、绮、罗、锦。秦汉以后蚕业丝织生产进入兴盛时期，丝织品大宗输入中亚和西亚并转运非洲和欧洲。由于茨充和王景的移植和改良而在汉代以后普及长江以南，又由于魏晋南北朝时期北方遭战火毁坏，蚕桑业中心从华北转移到江南。唐代中期以后私营纺织作坊兴起，经宋代工艺水平进一步提高，在明、清两代进入鼎盛时期，苏州和杭州成为丝织业中心。（图5-11）

　　罗马恺撒大帝穿着丝绸袍到戏院看戏轰动全场，崇尚奢华的罗马富人

（上）图5-11 素纱禅衣，西汉早期，1972年长沙马王堆1号汉墓出土

这件纱衣是轪侯夫人辛追喜欢的"时装"，交领、右衽、直裾式，袖较宽。衣长160厘米，通袖长195厘米，袖口宽27厘米，腰宽48厘米，重48克，薄如蝉翼，折叠后不盈一握。反映了当时高超的织造工艺技术，为国内所仅有，它是西汉纱织水平的代表作。

（左）图5-12 蜀锦织机

蜀锦的织造在汉唐时期以多综多蹑织机为主，唐宋以来使用束综提花的花楼织机。现代蜀锦采用的是分条整经的方式，适宜于牵彩条经。

们竞相效仿，以致在查士丁尼（Justinian I，482—565年）时代引进中国蚕桑技术（552年或536年），罗马成为欧洲第一个蚕桑生产国家。虽然怛逻斯战役被俘丝工把丝织工艺传到阿拉伯世界，但直到16

图5-13 蜀锦

　　中国四川省生产的彩锦，已有1000余年的历史，蜀锦的
品种花色甚多，多以经向彩条为基础，以彩条起彩、彩条添
花为特色，在织造时有独特的整经工艺。在长期的发展过程
中，形成独特的风格，成为中国四大名锦之一。

世纪末欧洲才有英国和法国生产丝绸。路易十四时代的法国盛行中国丝绸
和刺绣，公主也热衷于飞针走线，国王还亲自为公主挑选图案。法国商人
在巴黎、图尔和里昂等地设厂，仿制中国的"龙样"丝绸衣料，并创造出
一种中西结合的风格。（图5-12）（图5-13）

▎瓷器——与国齐名

多姿多彩的瓷器为中国首创，其主要原料为瓷石和高岭土，在一千三四百摄氏度的高温中烧制而成。瓷器的颜色主要由瓷胎外表的瓷釉中所含的金属元素决定，尤其是其中的铁和钙。氧化亚铁呈绿色，三氧化二铁呈黑褐色或赤色，四氧化三铁呈暗褐色或黑色。历经数千年沧桑的中国瓷器，随其大宗外销而成为向世界展示中国形象的一大媒介。中国瓷器在17世纪的欧洲价重黄金，皇室和贵族以拥有中国瓷器为荣。古代印度、希腊和罗马等国，称中国为Cina、Thin、Sinae，西方国家几乎都用与之音近的名词来称呼中国。英文称中国为China，称瓷器为Chinaware，后来省掉ware而简称为China，从而瓷器就与国齐名了。（图5-14）（图5-15）

瓷器源于龙山文化的蛋壳黑陶，其原始形态是商周时期的釉陶。东汉晚期瓷器烧制技术基本成熟，主要有青瓷和白瓷。唐代烧瓷业成为重要的手工业部门，并形成南青北白两大派系。宋代瓷业进入了繁荣的时期，元、明、清瓷窑遍布各地并形成若干中心，汝窑、官窑、哥窑、钧窑和定窑并称五大名窑，青花瓷、青花玲珑瓷、粉彩瓷和颜色釉瓷并称四大名

图5-14 釉陶甲马，北魏（陕西历史博物馆藏）

中国国内的考古资料表明，最早的釉陶是西汉时期的铅釉陶器，开始时只施绿、褐黄等单色釉，到王莽时期出现同时黄、绿、酱红、褐色的复色釉。东汉是釉陶最发达的时期，釉陶器的种类有壶、樽、罐、洗、博山炉、瓶等，还有坞壁建筑模型和俑人、猴、鸭、狗、鸡等陶塑；此外，新出现了黑色釉。

图5-15 蛋壳黑陶高柄杯，新石器时代，1972年山东临沂大范庄出土（山东省博物馆展品）

酒器，高22厘米、口径8.8厘米、底径4.8厘米、柄长8.5厘米。宽平沿，筒状腹，柄部中空，并满饰条形镂孔，圈足。蛋壳黑陶因其薄如蛋壳而得名。

瓷。瓷都景德镇窑的青花瓷，兼采青瓷和白瓷之优，以假玉美称闻名天下，成为瓷器的代表。郑和下西洋的庞大船队携带着大量景德镇瓷器，瓶、盂、罐、盒、炉、壶、碗、杯、盘以及佛像、人物和鸟兽的瓷像，传播到所到的30多个国家和地区。国际上以China称谓瓷器象征着中国是瓷器的故乡。（图5-16）（图5-17）（图5-18）（图5-19）

从唐代开始中国瓷器输出国外，在17世纪晚期已形成年销量以百万件计的欧洲市场，明、清时期中国瓷器遍销世界各国。烧瓷技术在宋元时期传到东亚的朝鲜、日本和越南，17世纪和18世纪之交传到欧洲，17世

（上）图5-16　青瓷斗
笠碗，宋代

　　青瓷是表面施有
青色釉的瓷器。青瓷以
瓷质细腻、线条明快流
畅、造型端庄浑朴、色
泽纯洁而斑斓著称于
世。

（左）图5-17　白釉玉壶春
瓶，明代永乐年间（1403—
1424年）

　　甜白釉是明代永乐时期景
德镇御器厂烧制的一种白瓷釉
色。永乐、宣德时御器厂的白
釉瓷器大量掺入高岭土，土中
三氧化二铝的含量较高，对增
白起到很大作用。

纪后期，遂有法国色佛尔的软质瓷和德国迈
森的硬质瓷。中国瓷器的独特魅力改变着、
影响着世界的物质文明和精神文明。瓷器初
入欧洲作为权贵装饰房间的艺术品，法国、
英国、西班牙、德国等国纷纷建中国瓷宫竞

荣。法王路易十四命人到中国定制带有法国甲胄、军徽、纹章图案的瓷器，使中国的烧瓷形制、色彩和图案等也为适应欧洲人的需要有所改变，从而也出现一种糅合东西方艺术风格和审美趣味的瓷器。

（上）图5-18 青花云龙瓷扁壶，明代

青花瓷，又称白地青花瓷，常简称青花，是中国瓷器的主流品种之一，属釉下彩瓷。青花瓷是用含氧化钴的钴矿为原料，在陶瓷坯体上描绘纹饰，再罩上一层透明釉，经高温还原焰一次烧成。钴料烧成后呈蓝色，具有着色力强、发色鲜艳、烧成率高、成色稳定的特点。

（下）图5-19 景德镇古窑遗址

景德镇素有"瓷都"之称。景德镇瓷器造型优美、品种繁多、装饰丰富、风格独特。青花、玲珑、粉彩、色釉，合称景德镇四大传统名瓷。

▎茶叶——绅士气派

中国是世界上最早发现茶树和利用茶叶的国家。Tea（茶）这个英语外来语，意味着茶在英国文化生活中的地位。茶叶在17世纪初由葡萄牙人最早引到欧洲的，英国的茶叶起初是东印度公司从厦门引进的。从17世纪中叶英国人在印度殖民地试种茶树开始，由于英国王室率先垂范地带头品饮，饮茶就成为英国人的习惯，甚至成为体现绅士气度的一种做派。18世纪的柴斯特顿勋爵曾在《训子家书》里写道："尽管茶来自东方，但它是绅士气派。"英国人养成了喝下午茶的习惯，在二战物资困难的情况下，茶被列为定量配给的必需品。茶叶是世界三大饮料之一，其他两者是咖啡和可可。

"茶"是"荼"的简化字。荼在古书中一字多义，一指苦菜，二指茅草、芦苇之类的白花，三指茶叶。在西周时期茶叶作为祭品使用，春秋时期茶鲜叶用作菜食，战国时期茶叶作为治病的草药，西汉时期茶叶成为饮品。在三国两晋南北朝期间，僧人以饮茶解禅困，导致寺院附近种茶。唐代饮茶已成风气，茶树遍及50个州郡，名茶品种20多种，官府设官茶园和课茶税。江南隐者陆羽（733—804年）熟悉茶树栽培和加工技术并擅长品

图5-20 陆羽（733—804年），字鸿渐，唐代复州竟陵(今湖北天门市)人

精于茶道，著有世界第一部茶学专著《茶经》，后世尊其为"茶圣""茶仙"。

茗，著《茶经》（758年）3卷10节7000言。随着宋、元、明、清各代制茶技术的不断革新，茶叶的生产和流通日益扩大，官商争利致使茶法迭变，通商、禁榷、茶马权衡游移不定。（图5-20）（图5-21）（图5-22）

早在南北朝时期就有中国商人在与蒙古毗邻的边境通过以茶易物的方式向土耳其输出茶叶。隋唐时期开始以茶马交易的方式，经回纥及西域等地向西亚、北亚和阿拉伯等国输送，中途辗转西伯利亚，最终抵达俄国及欧洲各国。明代文学家汤显祖（1550—1616年）以其《茶马》诗描述茶马交易兴旺和繁荣，"黑茶一何美，羌马一何殊"和"羌马与黄茶，胡马求金珠"。在茶马市场交易的漫长岁月里，中国商人在西北、西南边陲，用自己的双脚，踏出了两条崎岖绵延的茶马古道。直到20世纪中叶滇藏和川藏公路修通的千余年间，茶马古道上的马帮一直连接着沿途各个民族。（图5-23）

图5-21 《茶经》，陆羽著，本图中为复制品

中国乃至世界现存最早、最完整、最全面介绍茶的一部专著，被誉为"茶叶百科全书"。由中国茶道的奠基人陆羽所著。此书是一部关于茶叶生产的历史、源流、现状、生产技术以及饮茶技艺，茶道原理的综合性论著。

（左）图5-22 《斗茶图》（局部），古代绘画

宋代饮茶时仍用茶饼，但大多已不再直接烹煮茶叶，称为点茶。在点茶方式的基础上，宋人创造出了"斗茶"，即比赛茶叶与点茶技艺的高下。图中为斗茶情景。

（下）图5-23 茶马古道

茶马古道源于古代西南边疆的"茶马互市"，兴于唐宋，盛于明清。是指存在于中国西南地区，以马帮为主要交通工具的民间国际商贸通道。

▌ 漆器——贵族身份

　　1907年比利时科学家贝克兰发明塑料，而中国在几千年前就已经利用的漆就是世界上最古老的塑料。从漆树割取的天然液汁生漆，主要由漆酚、漆酶、树胶质及水分构成。它作为涂料，不仅有耐潮、耐高温、耐腐蚀等特殊功能，又可以配制出不同色泽的漆料。以木、陶盒金属等为质料的器物，其体表涂覆漆料作保护膜而成漆器。漆器因其胎体以漆反复髹涂多次，坚固耐用且色泽华丽，可做工艺品或生活用品。欧洲人热爱的中国器物不仅是瓷器和丝绸，还包括漆器、壁纸等居家之物。1689年法王的长兄发行奖券时，曾将髹漆的中国家具作为奖品之一。法国商船"昂菲特里特"（Amphrityite)号两次来华（1698年和1701年），因为它从中国运去大量丝绸、瓷器、漆器，法语就叫漆器为Amphrityite（昂菲特里特）。

　　中国古人早在新石器时代起就认识了漆的性能并用以制器，1976年河南安阳出土了公元前13世纪的一具漆木棺材，1978年浙江河姆渡又出土了公元前40—50世纪的一个漆碗。从商、周以迄至明、清，中国的漆工艺不断发展。商周时期的漆器工艺已达到相当高的水平，战国时期在制胎、造

113

图5-24 北宋漆碗

型和装饰等方面多有创新，曾侯乙墓的鸳鸯盒、江陵楚墓的彩绘透雕小座屏堪称其代表作。西汉又扩大了漆器生产的规模和地理分布，出现了直径逾70厘米的盘和高度接近60厘米的钟等大型漆器。唐代的堆漆，两宋的稠漆，元代的雕漆，明、清的罩漆、描漆、描金、填漆、螺钿、犀皮、剔红、剔犀、款彩、炝金和百宝嵌等工艺，展现着漆器的工艺和艺术的发展。宋、元时期官营和私营并举，并在江南的嘉兴一带成为漆业中心，明、清时期江南漆器名家逐渐形成各自的制作中心，包括福州的脱胎漆器、厦门的髹金漆丝漆器、广东的晕金漆器、扬州的螺钿漆器、山西平遥的推光漆器、成都的银片罩花漆器、安徽屯溪的犀皮漆器、北京的剔红漆

（上）图5-25 "君幸酒"云纹漆耳杯，西汉，1972年湖南省长沙市马王堆1号汉墓出土（湖南省博物馆藏）

长16.9厘米，高4.4厘米，饮食器。斫木胎。椭圆形，圆唇，小平底，月牙状的双耳稍微上翘。杯内髹红漆，以黑漆绘卷云纹，底黑漆书"君幸酒"三字，即"请君饮酒"之意。外壁和杯底髹黑漆，光素无纹。口沿外部及两耳上以朱、赭二色绘几何云纹，耳背面朱书"一升"二字表示容积。

（下）图5-26 夹纻胎漆盘，战国

图5-27 彩漆木雕龙纹盖豆，战国，湖北随州曾侯乙墓出土
（湖北省博物馆藏）

　　器身的盘、耳、柄、座由一块整木雕成，盖顶及耳上的
仿铜浮雕蟠龙纹雕刻细致。龙身相互盘错掩映，龙首的耳、
目、嘴均刻画入微。

器、台湾南投的黑髹漆器等。（图5-24）（图5-25）（图5-26）（图5-27）

　　17世纪的洛可可时代，中国漆器已大量输入欧洲，但仍属宫廷中的稀罕之物。路易十四时代晚期，各式漆器开始广为流传。昂菲特里特号从广东返航时，载回手提箱、桌子、描金衣柜及大小屏风等漆器多种。亦如仿制瓷器一样，漆器也是争相仿制的对象。与瓷器仿制的西方风格占主导不同，漆器仿制品则是东方风格独占鳌头。家具、轿子、车子、手杖无不以中国图样装饰。与欧洲当时盛行的专制主义相适应，轿子成为贵族们彰显身份之物。

格致经世

中国科技

6

再造辉煌

——世界之中国

▌ 从传统到现代的心态转变

中国从传统科技到现代科技的过渡，经历了从明清之际的"西学东渐"到中央研究院建立约300年的启蒙期。在这漫长的时期内基本上完成了从传统到近代的心态转变。这一转变是通过明清之际传教士的科学输入、同光新政时期的科技引进和知识分子发动的五四新文化运动"三部曲"实现的。传教士带来了科学技术的新鲜空气，洋务运动的示范作用造成引进近代科技不可逆转的局面，知识分子的科学文化运动为科技的发展清理了

图6-1 北京新文化运动纪念馆（原北京大学红楼旧址），北京东城区

北京新文化运动纪念馆是全国唯一一家全面展示五四新文化运动历史的综合性博物馆。北大红楼是中国新文化运动的主阵地和五四爱国运动的策源地，中国共产党早期的一些重要活动也曾在这里举行。

119

图6-2 传教士三杰：从左至右为利玛窦、汤若望和南怀仁

　　利玛窦（Matteo Ricci，1552—1610年），耶稣会意大利传教士、学者。他是天主教在中国传教的开拓者之一，也是第一位阅读中国文学并对中国典籍进行钻研的西方学者。汤若望（Johann Adam Schall von Bell，1591—1666年），耶稣会士，学者。1618年前往中国传教，1620年到达澳门，在那里学习中文。南怀仁（Ferdinand Verbiest，1623—1688年），字敦伯，又字勋卿。清初最有影响的来华传教士之一，他是康熙皇帝的科学启蒙老师，著有《康熙永年历法》《坤舆图说》《西方要记》。

文化环境。（图6-1）

　　传教士的科学输入始于明清之际，以意大利人利玛窦、德国人汤若望（Johann Adam Schall von Bell，1591—1666年）和比利时人南怀仁（Ferdinand Verbiest，1623—1688年）为代表的耶稣会士们，在传教的同时也向中国学者传授了一些西方的天文学、数学、地理学、生物学等方面的科学知识，还帮助中国官方编修历法、制造装备观象台的仪器和测绘中国地理全图，甚至制造"红衣大炮"。尽管他们的科学活动主要在宫廷范围内，但使中国人接触到了西方的科学技术。当骄傲的耶稣会士以其"欧洲文化中心论"向具有悠久文化传统的中国传授西学时，中国儒士阶层就以

图6-3 洋务运动时期的科学家：李善兰、徐寿和华蘅芳

清末，近代著名科学家徐寿、李善兰、华蘅芳在江南制造局翻译处合影。

其根深蒂固的"中国文化中心论"来对抗。但这种对抗并非两种不同类型的科学之间的冲突，而是文化传统惯性造成的心态失衡。中国的优秀科学遗产不但不与现代科学相悖，而且是接受和吸收它的基础，实际上中国儒士阶层就正是在儒学"格物致知"延伸的意义上开始接受来自西方的科技的。（图6-2）

以洋务运动为标志的同光新政第一次有目的地推进了中国现代科学技术事业。官办和官督商办的50多个近代的军工和民用企业，对于中国引进现代科技起了一种示范作用。清政府除为外交需要办外语学校和为强兵而设的近代军事学堂以外，还兴办了机械、电气、铁路、测绘等实业学校10多所，官派出国留学生和实习生近200名。出现了李善兰（1811—1882

图6-4 严复（1854—1921年）及其手稿，严复原名宗光，字又陵，后改名复，字几道，福建侯官人

中国近代资产阶级启蒙思想家、教育家、翻译家,曾翻译赫胥黎的《天演论》。

图6-5 《青年杂志》创刊号，1915年9月15日出版，陈独秀主编

1922年7月休刊，共9卷，第1卷名《青年杂志》，第2卷始改称《新青年》。《新青年》是个综合性的学术刊物，每号约100页，六号为一卷。

年）、徐寿（1818—1884年）、华蘅芳（1833—1902年）等科学技术专家。通过废科举兴学堂等教育改革措施，学校教育得以迅速发展，到1911年大专院校已达100余所，在校学生4万余人，数万人出国留学。光绪皇帝爱新觉罗·载湉（1871—1908年）钦定的《宪法大纲》（1908年）给臣民集会结社的自由，又使学会迅速发展，到清末一度发展到600多个。虽然这些学会大多是会党性的，但其中也有少量科学技术学会，如算学会、农学会、测量学会、医学会、地理学会等。（图6-3）

　　五四新文化运动是一场思想启蒙运动，包括文学革命、观念更新和科学启蒙三位一体的思想解放运动，使中国人的思维和行为方式从儒学文化传统中解放出来。启蒙先驱严复（1854—1921年）改造京师大学堂的尝试，任鸿隽（1886—1961年）等一群留学美国的学生创办《科学》杂志，陈独秀（1879—1942年）等创办《青年杂志》，以民主和科学为旗帜的新文化运动拉开了序幕。蔡元培（1868—1940年）以"兼容并包"的方针汇流各种新思潮，使北京大学成为新文化运动和五四运动的策源地。以地质学家丁文江（1887—1936年）为代表的科学派与哲学家张君劢（1887—1969年）为代表的玄学派之间的论战，有助于中国人的科学文化意识的养成。中华工程师学会等科学技术学会和中央地质调查所等研究机构应运而生，洛克菲勒基金会"中国医学委员会"和庚款"中华教育文化基金会"

图6-6　为《新青年》刊物而忘我工作的钱玄同与刘半农，1916年前后

等基金组织对于中国科学事业的起步起了重要的推动作用。这一切都为中国科学技术事业进入体制化的发展时期奠定了基础。（图6-4）（图6-5）（图6-6）（图6-7）（图6-8）

图6-7 陈独秀（1879—1942年），原名庆同，官名乾生，字仲甫，号实庵，安徽怀宁人

中国共产党的主要创立人之一。新文化运动的发起人和旗帜，中国文化启蒙运动的先驱，五四运动的总司令，中国共产党首任总书记。

图6-8 蔡元培（1868—1940年），字鹤卿，号孑民。浙江绍兴人

近代民主革命家、教育家。1917年起任北京大学校长，支持新文化运动。中国资本主义教育制度的创造者，任北大校长期间，他的"思想自由，兼容并包"的主张，使北大成为新文化运动的发祥地。

▎ 由格致到科学的知识衔接

"格致学"是中国科学从传统到近代的桥梁，而它的兴起又是以朴学的成就为其基础的。在西学东渐的刺激下，乾嘉学派"实事求是"地整理古代典籍，不仅发掘了传统科学宝库，而且培育了可用于探察自然的实证精神，并为格致学同儒学的分离创造了条件。格致学从儒学中分离出来犹如西方科学独立于宗教神学，可以视为发生在中国的一场科学革命。理性主义、功利态度和实证精神的融会是这场革命的最重要的内在因素。而这些正是儒学传统中"实学"思想长期发展和积累的结晶。

北宋时期署名赞宁（919—1001年）的博物学著作《格物粗谈》（约980年）开格致学之先河，其后有元朱震亨（1281—1358年）将其医学著作定名为《格致余论》（1388年），明曹昭（元末明初人）又将自己的文物鉴定专著题名《格古要论》（1387年），明医药学家李时珍将本草学称作"格物之学"，明胡文焕（生卒年不详）将古今考证专著编辑成《格致丛书》(1593年)数百种，明熊明遇（1580—1650年）将自己以西学之理考察中国传统自然知识的著作取名《格致草》（1620年）。

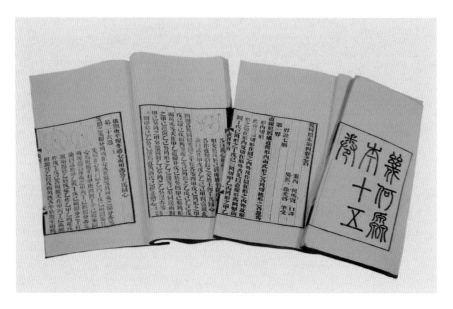

图6-9 《几何原本》译本书影，徐光启译（上海徐汇区徐光启纪念馆藏）

1606年，徐光启请求利玛窦传授西方的科学知识。经过一段时间的学习，徐光启完全弄懂了欧几里得《几何原本》内容，并和利玛窦一起把它译成中文，以补充我国古代数学的不足。

自徐光启（1562—1633年）将传教士介绍来的自然哲学与中国的"格物穷理"之学对等（《几何原本序》及《泰西水法序》）以后，传教士们也逐渐用"格物""穷理"和"格致"指称有关自然的学问。意大利传教士高一志（Alphonse Vagnoni，1566—1640年）的《空际格致》（1626年）介绍亚里士多德的四元素说，德国传教士汤若望的译著《坤舆格致》（1676年）是关于矿冶学的，比利时传教士南怀仁上康熙帝的《穷理学》（1683年）60卷乃当时来华传教士所介绍的西学总汇。清陈元龙（1654—1736年）的《格致镜原》（1735年）是一部百卷本的中国传统科学百科全书，清阮元（1764—1849年）的《畴人传》（1795—1799年）为儒流格物

学者243人立传，他们以其著作表明并非一切科学都起源于西方。（图6-9）（图6-10）

洋务运动期间，"格致"被中外学者普遍使用。美国传教士丁伟良（W.A.P.Martin，1827—1916年）编译了《格致入门》（1866年）。特别是英国传教士傅兰雅（John Fryer，1839—1928年），他与徐寿（1818—1884年）在上海创办"格致书院"（1874年），刊行《格致汇编》（1876—1890年），编译科学入门著作《格致须知》丛书27种

图6-10 徐光启和利玛窦

（1882—1889年）和教学挂图《格物图说》丛书10种（？—1894年）。其他以"格致"为题名的著名自然科学通论著作还有，如美国传教士林乐知（Young John Allen，1836—1907年）和郑昌棪合作的译著《格致启蒙》4卷（1875年）、英国传教士韦廉臣（Alexander Williamson，1829—1890年）的《格物探原》6卷（1876年）、英国传教士慕维廉（William Muirhead，1819—1884年）的《格致新机》（1897年）等。在西学引进不可逆转的形势下，清王仁俊（1866—1913年）还编撰《格致古微》（1896年）专门介绍中国古籍中有关的科学知识。

"格致"的流传最终导致清政府在京师同文馆设"格物馆"（1888年），在京师大学堂设"格致学"（1898年），在《钦定学堂章程》（1902年）中规定"格致科"为分科大学的八科之一，并将其细分为天文

图6-11 京师大学堂总教习府邸（校长办公室），
原北京和嘉公主府（四公主府）

光绪二十四年（1898年）和嘉公主府（四公
主府）成为京师大学堂，1911年，辛亥革命后，
京师大学堂政称为北京大学。

图6-12 晚清时的京师同文馆大门

清代最早培养译员的洋务学堂和从事翻
译出版的机构。咸丰十年（1860年）清政府
成立总理各国事务衙门，作为总理洋务的中
央机关。同时恭亲王奕䜣等人建议在总理各
国事务衙门下设立同文馆。

学、地质学、高等算学、化学、物理学、动植物学六目。至此，格致学已
被规范化。梁启超的《格致学沿革考略》（《新民从报》1902年第10号和
第14号），把格致学的范围限于"形而下学"。在"格致"的名义下中西
科学汇流，进而又从"格致"到"科学"，这是中国科学近代化的一大特
点。（图6-11）（图6-12）

▎ 现代科学技术体系的兴建

经过较长时间的过渡和启蒙，以1928年中央研究院的建立为标志，中国科学技术事业进入了体制化发展的时期。1956年科学技术十二年远景规划的制定和1978年全国科学大会的召开，两个标志点将该时期划分为三个阶段：1928—1956年是现代科学技术在中国的奠基阶段，1956—1978年是中国现代科学技术的开拓阶段，1978年以后是中国现代科学技术走向以创新为目标的新阶段。

南京国民政府建立后，在中央研究院（1928年）之后，接着北平研究院（1929年）、中央工业试验所（1930年）、中央农业试验所（1931年）等研究机构相继建立和《大学组织法》（1929年）、《大学规程》（1929年）、《学位授予法》（1935年）等教育法规颁布，特别是一些提倡和鼓励发展科学技术的政策，为科学技术事业的进步提供了必要的社会条件。20世纪30年代，理、工、农、医各科的学系、学会和研究所都建立起来，1949年的中国已有200余所高等院校、60多个科学研究机构和近40个科学技术学术团体，且有700多位科学家在这些大学和研究机构中从事自然科学研究。

图6-13 水杉树叶子

水杉，有植物王国"活化石"之称。已经发现的化石表明水杉在中生代白垩纪及新生代曾广泛分布于北半球，但在第四纪冰期以后，同属于水杉属的其他种类已经全部灭绝。而中国川、鄂、湘边境地带因地形走向复杂，受冰川影响小，使水杉得以幸存，成为旷世的奇珍。

其中，地学、生物学和古人类学等"本土类"的科学发展较早且成绩较大，在中国地图绘制、中国植物图谱编写、北京猿人头盖骨和水杉的发现（图6-13）以及中国科学技术遗产的整理等方面取得了具有世界意义的成就。在国外访学的一些中国科学家，在数理科学领域也取得了一些具有重要理论意义的成果，诸如检测中微子质量实验方案、正负电子对产生和湮没现象的早期实验以及通过光谱计算预言超铀元素的存在等。

中华人民共和国成立后，通过中国科学院的建立（1949年）、高等学校的院系调整（1952年）和国民经济建设的第一个五年计划（1953—1957年）的实施，科学研究、科学技术教育和经济产业在发展中有计划地配合，为中国科学技术事业的发展提供了历史上前所未有的有利条件。1955年，全国有科学研究机构380个、高等院校229所、专门研究人员9000人，科学研究、工程技术、文教卫生三大系统中的高级知识分子已达10万人之多。在技术领

图6-14 矗立在发射塔架上的展翅欲飞的长征火箭

中国自1956年开始展开现代火箭的研制工作。1964年6月
29日，中国自行设计研制的中程火箭试飞成功之后，即着手
研制多级火箭，向空间技术进军。经过了5年的艰苦努力，
1970年4月24日"长征1"号运载火箭诞生，首次发射"东方
红1"号卫星成功。

域、材料、能源和制造等技术部门已能适当配套，中国工程技术专家的设计
制造和施工能力大为提高，已能试制3500多种机械产品，冶炼240多种优质钢
和合金钢。这标志着一个大体配套的现代工业技术体系已经初步形成。

1956年制定《1956—1967年科学技术发展规划纲要》，通过几十项重
点研究任务、数百个中心课题和十几个重点项目，把第二次世界大战以来
发展起来的新兴科学技术都涵盖其中。当这个规划提前于1963年完成时，
科学技术研究机构已增加到1296个，专门从事研究的科学技术人员已达20
万人，其中高级研究人员2800人。原子核物理学、电子学、半导体物理

图6-15 大庆油田

大庆油田是我国目前最大的油田，于1960年投入开发建设，由萨尔图、杏树岗、喇嘛甸、朝阳沟等48个规模不等的油气田组成，面积约6000平方千米。

（右上）图6-16 北京正负离子对撞机

BEPC建成后迅速成为在20亿到50亿电子伏特能量区域居世界领先地位的对撞机，90年代以来，高能物理研究所获得了τ轻子质量精确测量、R值测量、发现新共振态等重大成果，居于国际领先水平，成为世界高能物理研究中心之一。同时，BEPC"一机两用"，成为我国众多学科的同步辐射大型公共实验平台，取得了包括大批重要蛋白质结构测定在内的重要结果。

（右下）图6-17 LAMOST望远镜（国家天文台兴隆观测站）

大天区面积多目标光纤光谱天文望远镜（LAMOST）是一架横卧南北方向的中星仪式反射施密特望远镜。应用主动光学技术控制反射改正板，使它成为大口径兼大视场光学望远镜的世界之最。由于它的大口径，在曝光1.5小时内可以观测到暗达20.5等的天体。而由于它的大视场，在焦面上可以放置4000根光纤，将遥远天体的光分别传输到多台光谱仪中，同时获得它们的光谱，成为世界上光谱获取率最高的望远镜。

学、空气动力学、控制论、自动化、计算数学、基本有机合成、稀有元素化学、地球化学、沉积学、海洋学、地球物理学、生物物理学、微生物学、遗传学等新学科在中国科学院系统被重点发展。多复变函数论中典型域上的调和分析、拓扑学示性类和示嵌类研究、反西格玛负超子的发现等重大成果，代表了当时中国的科学水平。

20世纪60年代中期到70年代中期，中国科学家经历外部封锁和内部动乱的艰辛。在极端困难的条件下取得过一批重要的成果，不仅成功地实现了原子弹爆炸实验、导弹发射成功和人造地球卫星上天（图6-14），而且取得基本粒子结构模型研究、哥德巴赫猜想证明、结晶牛胰岛素合成、酵母丙氨酸转移核糖核酸合成等理论研究成果，以及陆相生油理论和油田勘探开发等一批应用研究成果（图6-15）。

图6-18 籼粳杂交稻
（浙优818），浙江
杭州植物园

　　1978年开始的改革开放，社会主义市场机制的确立，为科学技术的发展带来新的活力，国际间的合作和竞争也随着开放的扩大而成为重要动力。至2006年的20多年里，中国的科学技术进展较快，涌现出一大批创新成果。北京正负电子对撞机（图6-16）、兰州重离子加速器、多通道太阳磁场望远镜、LAMOST望远镜（图6-17）和2.6米的光学天文望远镜等大型实验装置和几十个设备比较完善的国家重点实验室建立起来。各个科学学科和技术部门，理论、实验和应用都取得众多重要成果；在数学科学领域有哈密顿系统的辛几何算法、数学机械化研究和微分动力系统稳定性研究等；在物理科学领域有半导体超晶格理论黄朱模型、准晶体五次对称性研究和生物膜液晶模型的理论研究以及拓扑绝缘体、量子反常霍尔效应和手征性电子态的发现等；在生命科学领域有澄江古生物化石群的发现和研究等重大成果；在地球和环境科学领域有青藏高原隆起及其影响、东亚大气环流演化史研究和内地核自转稍快于地幔和地壳的发现等；在高技术领域有汉字信息处理系统和时序逻辑语言、高温超导材料和纳米铜超强延展性、人类基因组次序和水稻基因组图谱（图6-18）、载人航天工程等。

▎化传统遗惠为创造的源泉

科学诞生在近代欧洲而没有诞生在中国，而且科学世界化的潮流似乎已渐淹没了中国科学传统。但是这并不表明中国科学传统也失去了其未来的意义，李约瑟（图6-19）在其《中国科学技术史》第5卷第2分册的序言中指出，中国文化传统中保存着"内在而未诞生的最充分意义上的科学"，并强调他不把传统的中国科学视为近代科学的一个失败的原型。发生在20世

图6-19　李约瑟（Joseph Terence Montgomery Needham，1900—1995年）

英国现代生物化学家、汉学家和科学技术史专家。所著《中国的科学与文明》（即《中国科学技术史》）对现代中西文化交流影响深远。

135

图6-20 计算机

1673年，莱布尼茨在巴黎制造的一个能进行加、减、乘、除及开方运算的计算机。

纪下半叶的当代科学思想的三大转向，即从物质论到信息论、从构成论到生成论和从公理论到模型论，恰好与中国科学传统之特征契合，这或许昭示着中国科学传统的未来意义。

"物质论"和"信息论"作为两种不同的实在观，前者主张最基本的实在是物质，而后者则主张它是信息。长期以来的科学技术研究主要目标是物质及其运动规律，19世纪开始关注能量转换问题，20世纪才进入信息控制阶段。基于核酸分子的遗传信息的编码和传递法则，基于大脑神经元的认知计算模型，实际上已经建立了生命科学和思维科学的信息基础。尽管物理科学寻找信息基础的努力尚未成功，而"万物源于比特"的计算主义却急于兴起，系统、守恒和进化三大科学原理也都面临挑战。在比特取代原子的信息革命中，"计算"正在成为决定人类生存的关键活动。在科学领域里计算与实验和理论成鼎足之势，计算思维、计算文化和计算主义等新概念正在迅速传播。狭义的计算主义指人工智能研究的"认知即计算"纲领，广义的计算主义指一种新的世界观，主张一切自然过程都是由算法支配的，整个宇宙就是一部巨大的计算机（图6-20）。

"构成论"和"生成论"是理解变化的两种不同的观点，构成论主张

图6-21 哥德尔获奖照片

1951年3月14日，阿尔伯特·爱因斯坦（Albert Einstein）（左）把"阿尔伯特·爱因斯坦世界科学奖"颁发给在自然科学方面取得成就的奥地利数学家库尔特·哥德尔（Kurt Godel）（右二）和美国物理学家朱利安·施温格（Julian Schwinger）（右一），刘易斯·施特劳斯（Lewis L. Stauss）（右三）站在一旁。

"变化"是不变要素之结合与分离，而生成论则主张"变化"是产生和湮灭或者转化。这两种观点在古代东方和西方都产生过，但是在东方生成论发展为主流观点，而在西方构成论发展为主流观点。西方以原子论为形式的构成论获得了巨大的成功，成为现代科学思想的基础之一。但放射性发现以来微观世界研究揭示了构成论的困难，原子核自动发射的电子并不是原子核的组成成分，原子发射的光子也不是原子的组成成分，基本粒子碰撞中的粒子数变化更难以由构成论解释。面对这些困扰物理学的变化观，不得不从构成论转向生成论，建立起基于产生和湮灭的量子场论。

"公理论"和"模型论"是构造理论的两种不同方式，公理论把理论看作是由公理和定理组成的演绎系统，而模型论则把理论看作与经验对应的模型的类比推理系统。这两种方式自古以来就是并存的，在西方以公理论为主要特征，而在中国则是以模型论为主要特征。由于欧几里得几何学和牛顿力学的典范，特别是经由德国数学家希尔伯特（David Hilbert，1862—1943年）的提倡，自然科学家主流一直把公理化作为最高理想。哥

137

德尔定理（1931年）和宇宙学理论实际
上已经摧毁了这种理想，哥德尔（Kurt
Godel，1906—1978年）证明了任何形式
体系的不完备性，宇宙学的对象决定其
理论只能依据局部物理定律和宇宙学原
理构造模型宇宙。而且科学哲学也倾向
于认为模型论比公理论更接近和更适合
现代科学的发展。（图6-21）

图6-22 莱布尼茨

德国哲学家、数学家。涉及的领域
有法学、力学、光学、语言学等40多个
范畴，被誉为17世纪的亚里士多德。和
牛顿先后独立发明了微积分。

中国传统科学，其理论特征有别于
西方现代科学，它不是物质论的、构成
论的和公理论的，而是信息论的、生成
论的和模型论的。当今世界正处于原子
时代向比特时代转变的历史关头，前者
的思想源头是古希腊原子论，而后者的
先驱是中国古老的《易经》。莱布尼茨（Gottfried Wilhelm von Leibniz，
1646—1716年）（图6-22）早在18世纪初就追认易经符号系统是他的二进制数
学的先驱，日本汉学家伍来欣造（Gorai Kinzō,1875—1944年）的著作《儒
学对德国政治思想的影响》（1938年）指出"二元算术与易是东西两种文
明之契合点的象征"。早在1000年前，北宋易学家邵雍（1011—1077年）
就发出了计算主义的先声，他那贯通天人的计算目标令当代的计算科学家
也望而生畏，所谓的个人计算、社会计算和云计算都远不如《皇极经世》
宏大。

当代科学正遭受来自人类生存环境的恶化倾向、高技术评估的困难、
科学与人文两种文化发展的不平衡这三大挑战。这种挑战构成科学的社会
危机，而这种危机又推动着科学从它的"现代性"向它的"后现代性"转

变。这种转变对于中国的科学现代化事业来说，既是真正的困难，又是不可错过的际遇。

自然界中的生命之所以生生不息，是因为采取了两性繁殖的策略。作为自然演化之延续的文化演化也类似于生物的两性繁殖，文明的演进就根源于不同文明之间的冲突融合，或强势文化同化弱势文化或结合两种文化基因形成新文明。英国历史学家威尔斯（Herbert George Wells，1866—1946年）的《世界史纲》（*The Outline of History*，1920年）描绘了工业文明如何在游牧与农耕两种文化的冲突融合中诞生于欧洲的历史，而把后工业文明的产生问题留给了我们。按照这种历史经验确立的逻辑，未来的新文明必定在工商文化与农耕文化的冲突融合中产生。中华文化传统成为创造新文明的必要条件，这给了中国重争世界科学之旅前锋的机会。

在世界"坐标系"中考察"世界之中国"，中华民族是工业文明之旅的落伍者，在科学技术领域处于世界科学中心的周边。作为占世界总人口1/5的中华民族，必须为人类做出与其人口承担相应的贡献。在19世纪中叶到20世纪中叶的100年里，我们以千万计的生命为反法西斯战争做出的贡献，赢得了世界政治五强的地位。从20世纪中叶到21世纪中叶的100年，我们争取世界经济强国地位，对世界经发展的贡献只能是相对廉价的劳动力。从21世纪中叶到22世纪中叶，实现我们的科学强国梦，当可以智慧贡献世界！

通常情况下传统的惯性是历史的阻力，但在历史转折的关头却有可能成为创造的源泉，古希腊文明就曾经成为欧洲的文艺复兴创造的源泉。德国——瑞士——美国科学家爱因斯坦（Albert Einstein，1879—1955年）曾经说过：事物的这种真理必须一次又一次地为强有力的性格的人物重新加以刻画，而且总是使之适应于雕像家为之工作的那个时代的需要，如果这种真理不总是不断地被重新创造出来，它就会被我们遗忘掉。让我们沿着爱因斯坦的思路去重新发现真理吧！连接传统的未来才是美好的！

参考文献

[1] 杜石然等.中国古代科技史稿[M].北京:科学出版社，1982.

[2] 潘吉星.李约瑟文集[M].沈阳:辽宁科学技术出版社，1986.

[3] 董光璧.中国近现代科学技术史论纲[M].长沙:湖南教育出版社，1992.

[4] 韩琦.中国科学技术的西传及其影响[M].石家庄：河北人民出版社，1999.

[5] 樊洪业,王扬宗.西学东渐:科学在中国的传播[M].长沙：湖南科学技术出版社，2000.